U0169069

现代绿色包装设计实务

刘 印 著

中国纺织出版社有限公司

内 容 提 要

本书详细介绍了现代绿色包装设计,全书共七章,包括绪论、绿色包装设计、绿色包装设计的调研与分析、绿色包装的要素设计、绿色包装的结构设计、绿色包装材料以及绿色包装设计创新实践。

本书结构清晰、讲解详细,同时章节之间相互联系、由浅入深,具有很强的逻辑性。本书可作为高等院校开设印刷、包装工程(技术)类专业的相关专业课程的教学教材,也可作为企业培训的参考用书。

图书在版编目(CIP)数据

现代绿色包装设计实务 / 刘印著. — 北京 :中国纺织出版社有限公司,2021.6
ISBN 978-7-5180-2504-6

Ⅰ.①现… Ⅱ.①刘… Ⅲ.①绿色包装—包装设计—研究 Ⅳ.①TB482

中国版本图书馆 CIP 数据核字(2021)第 110292 号

责任编辑:朱冠霖   责任校对:江思飞   责任印制:王艳丽

中国纺织出版社有限公司出版发行
地址:北京市朝阳区百子湾东里 A407 号楼   邮政编码:100124
销售电话:010—67004422   传真:010—87155801
http://www.c-textilep.com
中国纺织出版社天猫旗舰店
官方微博 http://weibo.com/2119887771
三河市宏盛印务有限公司印刷   各地新华书店经销
2021 年 6 月第 1 版第 1 次印刷
开本:710×1000   1/16   印张:5.5
字数:100 千字   定价:68.00 元

前言

随着经济国际一体化的加剧,市场竞争日趋激烈,商品包装设计在完成自身所承担的职责的同时,必然会担负起更多的责任。在"绿色浪潮"的冲击下,世界包装业正在进行一次大的变革,"绿色包装"是新世界包装业发展的第一大趋势。

包装行业走绿色包装、可持续发展的道路,才能符合人类社会发展对环境的要求。这使得包装设计处于变革的剧变中。现在的包装还存在着太多繁冗的设计、太多的浪费、太多的不顾及长远发展的行为,有些包装材料里还存在有毒物质;而同时却缺少合理的设计方式。我们面临的选择不再是改变或者不改变,而是应该如何改变。

本书共七章。第一章为绪论,简单介绍了包装、包装的效能、包装设计与品牌;第二章为绿色包装设计,包括绿色包装设计的目标及系统、理念与方法、原则及方案、实施策略;第三章为绿色包装设计的调研与分析;第四、第五章分别介绍了绿色包装的要素设计及结构设计;第六章介绍了绿色包装材料;第七章为绿色包装设计创新实践。

在本书的编写和资料收集过程中,参考了许多网站和相关文献资料和出版物,在此向这些资料和出版物的作者表示深深的感谢。由于作者水平及时间所限,书中不妥之处,敬请广大读者及专家批评指正。

刘印

2021 年 1 月

目录

第一章　绪论 ……………………………………………… 1

　　第一节　包装 ……………………………………………… 1

　　第二节　包装的效能 ……………………………………… 4

　　第三节　包装设计与品牌 ………………………………… 7

第二章　绿色包装设计 …………………………………… 14

　　第一节　绿色包装设计的目标及系统 ………………… 14

　　第二节　绿色包装设计的理念与方法 ………………… 16

　　第三节　绿色包装系统设计的原则及方案 …………… 20

　　第四节　绿色包装设计的实施策略 …………………… 26

第三章　绿色包装设计的调研与分析 ………………… 35

　　第一节　市场调研 ……………………………………… 35

　　第二节　市场定位分析 ………………………………… 41

第四章　绿色包装的要素设计 ………………………… 44

　　第一节　绿色包装设计的视觉特征 …………………… 44

　　第二节　绿色包装设计的风格化体现 ………………… 46

　　第三节　绿色包装设计视觉要素的编排 ……………… 46

第五章　绿色包装的结构设计 ………………………… 50

　　第一节　盖子和封缄的可持续性设计 ………………… 50

　　第二节　包装形态的设计 ……………………………… 57

　　第三节　包装结构的设计 ……………………………… 61

第六章　绿色包装材料 ································· 74

　第一节　绿色包装材料的发展 ················ 74

　第二节　绿色包装材料应具备的性能 ········· 74

　第三节　绿色包装材料分类 ·················· 75

第七章　绿色包装设计创新实践 ··········· 77

　第一节　食品包装设计创新 ·················· 77

　第二节　礼品包装设计创新 ·················· 79

　第三节　日用品包装设计创新 ··············· 80

　第四节　其他包装设计创新 ·················· 80

参考文献 ······································· 82

第一章
绪论

第一节　包装

一、包装的定义

包装伴随着商品的产生而产生。包装已成为现代商品生产不可分割的一部分,也成为各商家竞争的有力武器,各厂商纷纷打着"全新包装,全新上市"的旗号去吸引消费者,绞尽脑汁,不惜重金,以期改变其产品在消费者心中的形象,从而提升企业自身的形象。如今,包装已融合在各类商品的开发设计和生产之中,几乎所有的产品都需要通过包装才能成为商品进入流通渠道。

对于包装的理解与定义,在不同的时期,不同的国家,对其理解与定义也不尽相同。以前,很多人都认为,包装就是以流通物资为目的,是包裹、捆扎、容装物品的手段和工具,也是包扎与盛装物品时的操作活动。20世纪60年代以来,随着各种自选超市与卖场的普及与发展,使包装由原来的保护产品的安全流通为主,一跃而转向销售员的作用,人们也赋予了包装以新的内涵和使命。包装的重要性已深被人们认可。

我国国家标准GB/T 4122.1—1996《包装术语第1部分:基础》中为包装的定义是:为在流通过程中保护产品、方便贮运、促进销售,按一定技术方法而采用的容器、材料及辅助物等的总体名称。也指为了达到上述目的而采用容器、材料和辅助物的过程中施加一定技术方法等的操作活动。

美国对包装的定义是:包装是使用适当的材料、容器并施以技术,使其能使产品安全地到达目的地——在产品输送过程的每一阶段,无论遭遇到怎样的外来影响皆能保护其内容物,而不影响产品的价值。

英国对包装的定义是:包装是为货物的储存、运输和销售所做的艺术、科学和技术上的准备行为。

日本工业标准规格[JISZ1010(1951)]对包装的定义:所谓包装,是指在运输和保管物品时,为了保护其价值及原有状态,使用适当的材料、容器和包装技术包裹起来的状态。

综上所述,每个国家或组织对包装的含义有不同的表述和理解,但基本意思是一致的,都以包装功能和作用为其核心内容,一般有两重含义:①关于盛装商品的容器、材料及辅助物品,即包装物;②关于实施盛装和封缄、包扎等的技术活动。

包装是使产品从企业传递到消费者的过程中保护其使用价值和价值的一个整体的系统设计工程,它贯穿着多元的、系统的设计构成要素,需要有效地、正确地处理各设计要素之间的关系。包装是商品不可或缺的组成部分,是商品生产和产品消费之间的纽带,是与人们的生活息息相关的。

二、包装的类别

包装是沉默的商品推销员。商品种类繁多,形态各异、五花八门,其功能作用、外观内容也各有千秋。所谓内容决定形式,包装也不例外。

(一)按包装的产品分类

按所包装的产品内容可分为:日用品类、食品类、烟酒类、化妆品类、医药类、文体类、工艺品类、化学品类、五金家电类、纺织品类、儿童玩具类、土特产类等。

(二)按包装的材质分类

不同的商品,考虑到它的运输过程与展示效果等,所使用材料也不尽相同,按包装材料可分为:纸包装、金属包装、玻璃包装、木包装、陶瓷包装、塑料包装、棉麻包装、布包装等。

(三)按包装的用途分类

按包装的用途可分为销售包装、储运包装和军需品包装。

1. 销售包装

销售包装又称商业包装,可分为内销包装、外销包装、礼品包装、经济包装等。销售包装是直接面向消费的,因此,在设计时,要有一个准确的定位(关于销售包装的定位,在后面有详细介绍)要符合商品的诉求对象,力求简洁大方,方便实用,而又能体现商品性。

2. 储运包装

储运包装就是以商品的储存或运输为目的的包装。它主要在厂家与分销商、卖场之间流通,便于产品的搬运与计数。在设计时,包装并不是重点,只要注明产品的数量、发货与到货日期、时间与地点等就可以了。

3. 军需品包装

军需品的包装是特殊用品包装,由于在设计时很少遇到,所以在这里也不作详细介绍。

(四)按包装的形状分类

按包装的形状可分为个包装、中包装和大包装。

1. 个包装

个包装也称内包装或小包装,它是与产品最亲密接触的包装。它是产品走向市场的第一道保护层。个包装一般都陈列在商场或超市的货架上,最终连产品一起卖给消费者。因此设计时,更要体现商品性,以吸引消费者。

2. 中包装

中包装主要是为了增强对商品的保护、便于计数而对商品进行组装或套装。比如一箱啤酒是 6 瓶、一条香烟是 10 包等。

3. 大包装

大包装也称外包装、运输包装。因为它的主要作用是增加商品在运输中的安全,且又便于装卸与计数。大包装的设计,相对个包装也较简单。一般在设计时,通常只标明产品的型号、规格、尺寸、颜色、数量、出厂日期等。再加上一些视觉符号,诸如小心轻放、防潮、防火、有毒等。

(五)按包装的工艺分类

按包装工艺可分为:一般包装、缓冲包装、真空吸塑包装、防水包装、喷雾包装、压缩包装、充气包装、透气包装、阻气包装、保鲜包装、冷冻包装和儿童安全包装等。

(六)按包装的结构分类

按包装结构形式可分为:贴体包装、泡罩包装、热收缩包装、可携带包装、托盘包装、组合包装等。

第二节　包装的效能

包装的效能就是指对于包装物的作用和效应。大体可分为保护效能、便利效能、美化效能、促销效能、卫生效能和绿色效能。

一、包装的保护效能

保护效能是包装最基本的效能,所有的产品都离不开固态、液态、粉末、膏状等物理形态。从质地上讲,有的坚硬,有的松软;有的轻,有的重;有的结实,有的松脆。每一件商品,要经多次流通,才能走进商场或其他场所,最终到消费者手中,这期间,需要经过装卸、运输、库存、陈列、销售等环节。在储运过程中,很多外因,如撞击、潮湿、光线、气体、细菌等因素,都会威胁到商品的安全。因此,作为一个设计师,在开始设计之前,首先要想到包装的结构与材料,保证商品在流通过程中的安全。优秀的包装要有好的造型、结构设计,要合理用料,便于运输、保管、使用和携带,利于回收处理和环境保护。因此,在进行包装设计时要综合考虑包装的结构、材料等多方面的因素,并把包装的保护效能放在首位。

在考虑包装的保护效能的时候,设计师要结合产品自身的特点综合考虑材料和包装方式,如使用海绵、发泡材料、纸屑等填充物来达到固定产品的作用。为了防潮、密封,也可以采用封蜡的方法。

二、包装的便利效能

所谓便利效能,也就是商品的包装是否便于使用、携带、存放等。一个好的包装作品应该以人为本,站在消费者的角度考虑,这样会拉近商品与消费者之间的距离,增加消费者的购买欲和对商品的信任度,也促进消费者与企业之间的沟通。

例如,口渴了,只要轻轻拉一拉瓶盖,各种口味的饮料便可送入口中。但这些可随身携带、随处购得的罐装饮品所装上的拉盖,却是一项了不起的发明。要知道,大部分罐装饮品如汽水、啤酒等,都注满了二氧化碳,因此铝罐要承受的压力极大,每 $6.5\ cm^2$ 约需 $50\ kg$ 的力度,才能把拉盖开启。制造拉盖其中一大难处,正是在于如何令使用者(无论他多么柔弱)轻易地把拉盖开启。铝罐拉盖的历史至今已有半个多世纪,发明者是已故的美国俄亥俄州工程师弗拉泽。但在弗拉泽研制铝罐拉盖前的数十年内,很多工程师已努力尝试研制,均告失败,主要问题在于如何令拉盖和铝罐连结在一起,接口又不会脆弱得在开启时折断。后来,弗拉泽终于想出一个既简单又经济的解决办法:①利用罐顶凸起的部分充当铆钉;②把附近位置磨薄至少是原厚度的一半;③塑造凹凸坑纹;④连上拉盖。因此拉盖只需 $1.5\ kg$ 的力度便可开启,罐内的二氧化碳也随之开始往外流泄。

三、包装的美化效能

装饰美化是人类文化生活的一种需要,装饰符号具有人类文化的重要特征和标记,它的寓意和象征性往往大于应用性。产品的装饰美化要使包装与物品成为和谐统一的整体,以便丰富艺术形象,扩大艺术表现力,加强审美效果,并提高其功能性、经济价值和社会效益。

当今市场竞争异常激烈,包装设计越来越显示出其独特的美化产品的优势。商品只有经过精心的装饰、美化,才能提高自身价值,勾起消费者的好奇心,并促进他们实现购买。"货卖一张皮"形象地说明了包装设计与商品价值之间的关系,但这并不意味着商家可以只在意包装而忽略质量、品质等方面。良好的包装可以促进产品的附加价值,提升企业的形象和在公众中的信任度。

四、包装的促销效能

以前,人们常说"酒香不怕巷子深""一等产品、二等包装、三等价格",只要产品质量好,就不愁卖不出去。在市场竞争日益激烈的今天,包装的作用与重要性也为厂商深谙。如何让自己的产品得以畅销,如何让自己的产品从琳琅满目的货架中跳出,只靠产品自身质量与媒体的轰炸是远远不够的。因为在各种超市与自选卖场里,直接面向消费者的是产品自身的包装。好的包装在没有服务员推荐和介绍的货架上能显示出独特的生命力,它能直接吸引消费者的视线,让消费者产生强烈的购买欲,从而达到促销的目的。

商品是依类别摆放的,在同类别中如何让自己的商品脱颖而出,包装设计的新颖性、独特性、色彩的感染力等都是表现的重点。大家都有这样的经历,当去超市购买所需商品时,实际购买的数量往往会大大超出计划,原因有两个方面,一方面是原本需要但忘记列在购物清单里,另一方面则是随机的购买。当你推着购物车穿梭在货架里时,眼睛通常会有意外的发现,往往是被新奇的包装所吸引驻足,甚至非常感性地将它放进购物车并最终付款购买。这个过程就是典型的包装促销效能的体现。

五、包装的卫生效能

卫生安全效能主要是指包装产品(如食品、化妆品等)应能保证商品完全安全卫生,即符合卫生法规。它主要包括两方面的内容:一是能有效隔绝各种不卫生因素的污染;二是本身不会带来不卫生的有害物质,因此对包装材料所含有害物质的含量有严格的限制。另外,包装容器在使用中应该是安全的,不应导致对人体的伤害。

做好商品包装的卫生,一是要对产品本身进行防腐、防变质处理;二是包装的科学化,采用新材料新技术改进落后包装,最大限度地延长商品的储存时间。比如,中国的南北方气候差异大,北方的气候干燥,南方则空气潮湿。有些商品会随着湿度和温度的变化而改变,尤其是在湿度变化较大的情况下,食品会发生腐烂变质。这就要求生产厂家要对产品本身做好科学的防腐技术处理,设计者也要在包装材料的选择及结构设计上做最优化。在温度突变的情况下,商品包装会产生热胀冷缩导致商品和包装容器的变形、开裂和破损等,所以在设计上要考虑材料的透气性和保温性等因素。

六、包装的绿色效能

包装的绿色效能主要是指包装中的绿色效率和性能,即包装保护生态环境的效率,提高包装生态环境的协调性,减轻包装对环境产生的负荷与冲击的能力。

具体来说,就是节省材料、减少废弃物、节省资源和能源;易于回收利用和再循环,包装材料能自行分解,不污染环境,不造成公害等。

第三节　包装设计与品牌

一、包装设计的传达

产品生产的最终目的是销售给消费者。营销的重点在于将定价、定位、宣传及服务等予以计划与执行后,满足个人与群体的需求。这些活动包含了将产品从制造商的工厂运送至消费者的手中,因此营销也包含了广告宣传、包装设计、经营与销售等。

随着消费者多元选择的增加,市场竞争也逐渐形成,而产品之间的竞争也促进了市场对于独特产品与产品区分的需求。从外观的角度来考虑,如果所有不同品牌的不同产品(从蔬菜、面包、牛奶到酒类、化妆品、箱包等)都以相同的包装来售卖,所有产品的面貌将会非常相似。

产品设计必须突出产品的特征及产品之间鲜明的差异性,此差异性可以是产品的成分、功能、制造等,也可以是两个完全没有差异性的相似产品。营销的目的只是为商品创造出不同的感知,营销人员认为能将产品销售量提升的首要方法就是制造产品差异。

若要吸引消费者购买,包装设计则应提供给消费者明确并且具体的产品资讯,如果能给出产品比较(像某商品性能好、价格便宜、有更方便的包装)则会更理想。不论是精打细算的消费者还是冲动购买的顾客,产品的外观形式通常是销售量的决定性因素。这些最终目的(从所有竞争对手中脱颖而出、避免消费者混淆及影响消费者的购买决定)都使得包装设计成为企业品牌整合营销计划中最重要的因素。

包装设计是一种将产品信息与造型、结构、色彩、图形、排版及设计辅助元素做连接,而使产品可以在市场上销售的行为。包装设计本身则是为产品提供容纳、保护、运输、经销、识别与产品区分,最终以独特的方式传达商品特色或功能,从而达到产品的营销目的。

包装设计必须通过综合设计方法中的许多不同方式来解决复杂的营销问题,比如头脑风暴、探索、实验与策略性思维等,都是将图形与文字信息塑造成概念、想法或设计策略的几个基本方法。经过有效设计,产品信息便可以顺利地传达给消费者。

包装设计必须以审美功能作为产品信息传达的手段。由于产品信息是传递给具有不同背景、兴趣与经验的人,因此人类学、社会学、心理学、语言学等多领域的涉猎可以辅助设计流程与设计选择。若要了解视觉元素是如何传达的,就需要具体了解社会与文化差异、人类的非生物行为与文化偏好及差异等。

心理学与心智行为历程的研究,可以帮助了解人类通过视觉感知而产生的行为动机。基本语言学知识,如语音(发音、拼写)、语义(意义)与语法(排列),可以帮助正确地应用语文。另外,像数学、结构和材料科学、商业及国际贸易,都是与包装设计有直接关系的学科。

解决视觉问题则是包装设计的核心任务,不论是新产品的推广或是现有产品外观的改进,创意技巧(从概念与演示到 3D 立体设计、设计分析与技术问题解决),都是使设计问题得以解决的创新方案。设计目的不在于创造纯粹视觉美观的设计,因为只有外在形式的产品不一定有好的销售量。包装设计的首要作用就是通过适当的设计方案,以创造性的方法达成销售的目的。

包装设计主要以"表现"作为创意方法。我们应注重的是产品表现,而非个人风格的彰显,不应该让设计师或销售人员的个人偏见(不论颜色、形状、材料或平面设计风格)过分地影响包装设计。在形体与视觉元素相互作用的创意过程中,将情感、文化、社会、心理及资讯等吸引消费者的因素表现出来,传达给目标市场中的消费者。

二、包装设计的目标

(一)目标消费者

消费者购买决策的文化价值与信仰所产生的影响力不可小觑:潮流、趋势、健康、时尚、艺术、年龄、升迁和种族等,都通过包装设计的操作而在商场内展现。社会价值的投射也成为许多包装设计所设定的特定目标,而其他设计所传达的价值是符合更广大的消费民众的。在有些品牌或包装设计的例子中,我们发现它们是以感知价值来锁定特殊消费者的。

(二)设计目标

包装设计的目标是建立在相关营销背景与品牌策略的目标上。营销人员或制造商如果能提供包装设计详细具体的信息与精确要点,则会是最理想的状况。比如通过下面一些问题可以更多了解包装设计的需求。

谁是顾客?

产品将会在何种环境下竞争?

产品将会被设定为何种价位?

生产成本是多少?

从设计到上市的预定进度?

有哪些经销方法?

产品定位决定了该产品在零售商场中的位置,并提供设计的基础方向。当营销因素被界定后,包装设计的目标就会越来越清晰。包装设计的方法取决于目标的设定,如新产品的开发、既有品牌的系列发展,品牌、产品或服务的重新定位等目标。

一般来说,包装设计的目标针对的是特定产品或品牌。因此产品包装设计可能依据:①强调产品的特殊属性;②加强产品的美观与价值;③维持品牌系列商品的统一性;④增加产品种类与系列商品之间的差异性;⑤发展符合产品类别的特殊包装造型;⑥使用新材料并发展可以降低成本、环保或加强机能的创新结构。

理想的包装设计应该定期做评估,才能跟得上不停变化的市场需求。虽然度量、指标或其他测量方法的使用很难准确判断特定包装设计的价值,但营销人员会通过收集消费者反映并进行分析比较来重新评估。这些方法会帮助营销人员决定包装设计是否达成预期目标。然而我们不能将最后销售成败完全归咎于产品的包装设计,许多变数来自顾客的消费行为。

在迎合消费品牌的市场目标时,产品开发人员、产品制造厂商、包装材料制造厂商、包装工程师、营销人员及包装设计师,最终都成了包装设计成败的关键因素。

三、包装设计与品牌建设

(一)包装设计与品牌

如果包装设计已被顾客接受且具有特色时,文字编排风格、平面图像与色彩等设计元素便可被视为专有或可拥有的财产。通常这种专有属性可以通过政府申请合法的商标或注册而取得所有权。作为商业的长期使用,这些包装设计所涵盖的专有特色与品牌逐渐在消费者眼中产生连接,包装的专有设计则以刻意营造"独特"与"可拥有"的设计取向作为实践目标。

如果说包装设计是品牌范畴内的一部分,那品牌又该如何被定义呢?简单来说,品牌就是产品或服务的商号。然而在今天的世界中,"品牌"的使用层面已经无所不包。虽然数十年以来,"品牌"这个名词一直都大量使用于各行各业中,且衍生出多方面的定义,但从包装设计的角度来看,品牌指的是一个名号、商标的所有权,品牌也是产品、服务、人与地点的代表。品牌所包含的范围涵盖了文具与印刷品、产品名称、包装设计、广告宣传设计、招牌、制服等,甚至建筑物也应在考量之内。

根据产品本身、情感含义及如何满足消费者期望等,品牌被消费社会所定义,并逐渐成为将如何在消费者脑海中区别自家公司的方法。

(二)品牌定义

我们可以将品牌当作人类来看待,品牌是先从孕育构思开始,经由生产、成长,最后再持续的演变。它们之间都有各自的特征以区分彼此,而产品的设计则界定了它们本身,也传达出它们的目的与定位。"演化"这个名词甚至常在包装设计界使用,指的是品牌长期的成长与发展的过程。相对于革命性设计的剧烈改变,演化性的设计改变意指品牌里所做的微调设计。

马蒂·纽梅尔在《品牌差距》一书中说道:"品牌是一个人对于产品、服务或公司的直觉。尽管我们尽最大努力保持理性,但由于我们都是具有情感且直观的人,让我们无法控制地产生直觉。这样的直觉是属于个人的,往往品牌最终不是被公司、市场或大众所定义,而是被个体消费者所定义。"

对于许多消费者而言,品牌与包装设计之间是没有太大差异的。通过立体材质结构与平面设计传达元素的结合,包装设计创造出品牌形象,并建立起消费者与产品之间的连接。包装设计是以视觉语言阐述一个品牌对于品质、表现、安全与便利的承诺。

名称、颜色、符号与其他设计元素一起构成了品牌基本构成的形式层面——品牌识别。这些视觉元素与它们之间的组合则界定品牌与不同经销商之间的产品区别与服务。品牌识别建立了与消费者之间的情感连接,无论产品是以抽象或具象的概念表达,当概念融入消费者心中时,识别则演变成产品的印象或感知;一个成功的品牌连接建立在"必须拥有"的基础上。

(三)品牌承诺与忠诚

品牌承诺是经销者或制造商所给予产品与其主张的保证,在包装设计中的品牌承诺是通过品牌识别来传达的;品牌承诺的实现是赢得消费者忠诚度与产品成功保证的关键性因素。

品牌承诺就如同任何承诺一样,是可以被破坏的。不遵守品牌承诺的方式有很多种,而当这样的行为发生时,不但品牌与制造商会失去信用,消费者也可能会因此而选择其他品牌。

下列包装设计的失误会为产品的品牌承诺与感知价值带来负面影响:①没有依据原有设计运作;②说明性文字不易读取及产品名称太拗口或难以理解,如包装设计上模糊的文字或未将产品功能说明清楚;③利用设计传达,将产品的优势传达给其他竞争对手,然而实际产品却没有那么好;④包装过度被消费者视为太昂贵而选择不购买,如报纸的使用、不必要的模线、烫印箔或其他被消费者视为可笑的华丽修饰;⑤一个不好的包装设计通常是便宜且劣质的,如包装设计所使用的材质没有适当反映出产品的品质、价格及特色;⑥与其他商品设计的高相似度,进而造成市场的混淆;⑦产品内容没有如实地标志在包装上(如净重量);⑧包装结构难以使用或浏览。

当包装设计演变成品牌形象时,消费者渐渐可以辨别出品牌的价值、品质、特征及属性。站在经销的角度来看,包装设计与产品的关联(从结构形式与视觉特征到抽象的情感连接),与品牌的合法及可靠性密不可分。消费者从它们的区别则可衡量出它们的价值,同时也成为珍贵的财产或品牌资产。

公司一般极为谨慎地管理他们的品牌资产,虽然消费者已经很难区分出品牌与包装的差异性,但品牌识别元素是无价的。

由于他们持续兑现品牌承诺(可信赖、可靠、品质保证)而使得他们拥有强而有力的资产,因此品牌就衍生成专业类别的领袖。当消费者倾向于购买品牌时,他们的购买选择会减少,但消费品牌的次数却会变多。

对于既有品牌而言,文字编排、符号、图像、人物、色彩及结构等都是包装设计中可以成为公司品牌资产的视觉元素。而新品牌的建立则因为市场资历尚浅，故没有任何可运用的既有资产，因此包装设计便是负责将新的产品形象带入消费者眼中。

品牌概念以信任为基础，信任则是建立于消费者使用特定品牌产品所产生的愉快经验之上。若有良好的使用经验，消费者会因期待下次相同经验的发生而持续购买。在消费者心目中，品牌之所以会成功是因为履行了自己的承诺，因此消费者建立了个人偏好而持续购买该品牌的产品。此偏好的建立便达成了制造商的最终目的：品牌忠诚。当消费者忠实于特定品牌时，他们愿意花较多的时间去搜寻，也会因为对品牌的坚信不疑而愿意以更高价格购买产品。优势性与持续性是组成品牌忠诚不可或缺的重要价值，有些忠实顾客对于品牌有着狂热的执着。

（四）品牌重新定位

品牌重新定位指的是公司重新拟定产品的营销策略，以达到更有效的市场竞争。重新定位是对既有包装设计的视觉品牌资产做评估，再确定设计策略与竞争优势，最后进行商品重新设计。既有产品的新策略方向则会在这个过程中出现，重新定位的目的在于提升品牌定位与市场竞争能力。

以下是重新定位过程中的首要问题：

目前的产品包装设计有哪些优势？

消费者有没有注意到目前包装设计的视觉特征或"暗示"？

包装设计是否有市场优势的"可拥有"特质？

包装设计的个别区别性是否有效地与其他相似产品进行区分？

如果前三项问题的答案皆是肯定的，那代表在重新设计过程中，包装设计已经有自己的品牌识别或视觉元素，故在重新设计时必须小心谨慎地规划。重新设计的主要目标在于如何在保有既有品牌资产的基础上增加市场获利。

品牌发展到一定程度，会有新系列产品产生，这时必须将既有的品牌资产与新的经销目的纳入考量。既有设计元素的保留是为了维系消费者对于品牌承诺的认知。

品牌扩展可以是将品牌延伸至同一类别的新产品或是大胆地开发新类别。根据产品本身，其延伸范围可以包含不同种类、口味、成分、风格、尺寸与造型。

在某些情况下,它也可能是新的包装设计结构或是对品牌识别具有演化性或革命性的改变。

个人护理类别(脸部、身体及毛发)是品牌扩展中的典型范例。不论是专门修护或针对特殊皮肤或毛发,任何特定品牌的旗下都有无数个商品;系列产品可提供消费者选择同一家制造商的更多不同种类的商品。

高效益的品牌,往往会以相同种类产品的相似包装外观来建立他们的包装设计视觉外观。色彩、排版风格、人物的使用、结构与其他设计元素便成了消费者的类别线索。

第二章
绿色包装设计

第一节　绿色包装设计的目标及系统

突出绿色包装设计,就是其设计上除了满足包装体的保护功能、视觉功能、经济方便,满足消费者的心愿之外,更重要的是产品要符合绿色的标准,即对人体、环境有益无害;包装产品的整个生产过程也要符合绿色的生产过程,即生产中所有的原料、辅料要无毒无害,生产工艺中不产生对大气及水源的污染,以及流通、储存中保证产品的绿色质量,以达到产品整个生命周期符合国际绿色标准的目标。

作为设计系统,应该包括产品原料的采集、包装材料的生产、包装体的设计(包括造型设计、结构设计、装潢设计及工艺设计)、包装产品的加工制作及流通储存、包装废弃后的回收处理与再造及包装工程的成本核算。最后是生命周期的评估。

若对其整个系统划分成若干要素,则包括:产品、流通的环境条件、包装材料、消费者、包装设计、加工制造(清洁生产)、生命周期 LCA、回收再利用、包装成本、环境保护。

一、产品

绿色包装设计时应考虑到产品的物理性质和化学性质,这涉及包装的保护功能。从物理角度看,要使内装物完好无缺,要求包装体的强度、结构、造型要合理,其形状在常温或其他温度下保持原有状态。从化学角度看,要保证内装物不变质,也就是化学稳定性要好,即温度、日光、湿度、气体要保持稳定。再有要考虑到包装的视觉效果,应用方便、经济,是否可重复使用或回收再造,最重要的是对人体、环境不产生损害和污染,具有绿色的实质。

二、流通的环境条件

绿色包装设计时应考虑到包装件流通的环境、条件、时间,包括库存、储存与运输。其中运输的工具,仓储的设施、温度、气候条件及变化,生物环境条件,流通过程中的装卸条件,原则是应保证在流通过程中内装物完好,质量不变,不受污染。

三、绿色包装材料

绿色包装材料(包装原材料和成型前的材料)首先具备自身无毒无害(即无氯、无苯、无铅、无铬、无镉等),对人体、环境不造成污染。制造该材料所耗用的原材料及能源少,并且生产过程中不产生对大气、水源的污染,废弃后易于回收再利用或易被环境消纳。材料具有所需的强度,与内装物不发生化学作用,性能稳定。易于加工制造,来源丰富,价格低等。

四、消费者

绿色包装应符合消费者心理特点,尤其是当今"绿色浪潮"的兴起,很多消费者偏爱绿色包装商品。绿色包装还应考虑到消费者应用的便利,好开启、好装卸、好携带。同时还应顾及人们的风俗习惯及个性偏好需要。

五、包装设计

绿色包装的设计要根据最终产品的需要而设计:①要有保护功能,结构要符合力学强度,即对产品的形态完整和质量不变有保证;②产品的外观、造型要符合内装物的需要和美观,同时轻量化、材料单一化,外装潢要典雅、美观,具有很好的广告效果。加工制作工艺设计简单、经济、清洁、节能、无污染。

六、包装加工制造(清洁生产——绿色生产)

绿色包装加工制造工艺要考虑采用"清洁生产",即生产过程中不使用任何有害的辅料,不产生任何污染环境的副产物和废气废水等。节省材料,节省能源,充分利用现有设备的能力。

七、包装成本

绿色包装设计应考虑到包装成本与内装产品的价值,杜绝过分包装,在满足使用、保护功能的前提下,应尽量减少包装材料的消耗,减少加工制造的工序,降低能源消耗,人力资源有效使用,以有效地降低包装成本,增加利润。

八、回收再利用及可降解功能

绿色包装的设计应考虑到包装的回收再利用及可降解功能。设计采用的原料必须是可回收再造的原料,或者是可生物降解、水降解、光降解、光/生物降解的材料,易于破碎成碎片回归自然,有效地保护环境。也可以是经清洁处理后再重复使用的包装物。

九、生命周期评估(LCA)

绿色包装设计应考虑到应用生命周期评估,即从原料的采集、包装产品的制造加工,包装产品的流通,使用废弃后的回收处理、再造等全过程中对环境是否产生污染的评估系统,以达到国家及国际的绿色生产标准、环境保护标准。

第二节　绿色包装设计的理念与方法

一、绿色包装设计理念的来源和发展

依据事物的本质与属性进行分析,包装设计不是绝对自由的艺术设计,而是包装设计自身的约束规定性。因为它源于人的现实要求,传承着人类的进步与文明,升华于与社会、自然的和谐伦理关系之中。

随着人类对生存质量的更高要求,人的消费意识正发生着根本的改变,绿色概念已逐渐深入人心。因此任何产品的品质和对人与环境产生的影响已成为人们对商品评价的价值取向。由于包装设计是形成最终包装产品的决定要素,所以其作用是举足轻重的。设计人员所追求和提倡的理念会蕴含于设计之中。目前在包装设计中越来越崇尚"环境友好的绿色效能理念,谋求实现人与环境的协调关系"。

"环境友好和绿色效能"设计观念,来自 ISO 14000 国际环境标准,这个标准强调了"绿色效能"两个概念,实质上还是保护环境和提高生态环境的协调性,减少对环境的破坏与索取。

"环境友好和绿色效能"设计理念渗透了包装伦理意识,反映了人对生活的一种本能的珍视和对生存环境的责任感,体现了人性化。生态化的设计思想,其本质是在人性的高度上把握设计方向的一种理性方法,其实现过程是要通过

关注体验人的需求来实现设计的创新。

"环境友好和绿色效能"设计理念,除了所蕴含的人文精神外,还贯穿了人类要创造和把握科学技术的要求和能力,预示着人类要通过科学技术和先进的生产力来改进自然环境,实现人与自然的和谐。

二、包装设计中绿色效能的实现

包装设计中绿色效能的实现关键是要正确选用和合理运用包装材料,要遵循以下五个原则。

(1)尽量选择天然物质或是对人与环境无毒无害的合成材料。

(2)要选择"减量、质轻、刚度好"的材料,以求用量少,效能高。

(3)选择可以被自然降解、自然消纳或可再回收利用的材料。

(4)选择加工工艺简单,节约能源和能耗的材料。

(5)选择回收处理过程中不产生二次污染的材料。

以上五个原则构成了一个环境友好的生态循环——确定的原创性绿色材料,质轻节源的产品形式,循环复用的再生产模式,以求节约资源,保护人类生存的环境。下面举一些环境友好包装设计的例子。

奥地利的 Manner 糖果纸签用 Scotch han 涂料处理过的油纸替代原来的铝箔内衬,一年可节约 8 t 铝箔。日本采用甘蔗渣与废纸做原料造纸,1t 废纸可生产 800kg 纸,可节约水 470 t、电 5 000 kW、煤 400kg、碱 400 kg、木材 4 m^3。美国 ANCC 现采用细颈压力吹瓶技术,所得产品比过去轻 70.8 g,大大节约了原料。我国目前也采用了小口吹薄壁轻质瓶的工艺技术,瓶重比过去减轻了一半,每吨玻璃产瓶数增加了 1.18 倍。美国的金属易拉罐均采取薄壁轻量的结构形式,从源头控制废弃物。德国采用豆腐渣处理后制成牛奶罐等。中国采用废弃的天然纤维——麦秸秆、麻秆、甜菜渣和木粉等作填料制造餐盒、包装箱和缓冲材料等。

在包装设计中采取优化设计方法,对包装外壳的强度、抗跌落、耐冲击性能的测试数据进行分析,采取三次元 CAD、CAE 等软件进行优化设计。采取包装板局部加筋或凸棱的结构来减少包装板材和有效保持其力学支撑强度。如日本在汽车外壳设计中采用优化设计,在保证使用性能的前提下考虑节约材料,其设计流程如图 2-1 所示。

以上设计方案都是实施绿色效能的有效举措。

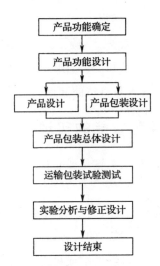

图 2-1　设计流程

　　设计方法可以体现时代的特征,如社会物质基础、社会经济、社会科学技术的水平、社会的意识形态和人的综合素质及理念。集成化并列设计与体验设计相结合的方法,是现代化设计中效率最高,综合性和交流性穿插交汇性最好,能全面实现设计目标和验证指标的最优设计方法。

三、集成化并列设计与体验设计相结合的方法

　　绿色包装设计是以产品的生命周期为基础的引导性设计,是以确定的设计目标为根本的全方位的系统设计。把集成化并列设计方法用在绿色包装上就是利用智能化神经网络和软件系统进行仿真、正交筛选、验证评价的高度综合设计。设计中要把系统的所有环节设定为模块化,并将它们各自所对应的上下游环节的交叉影响进行平行的、综合的高度集成性的分析,以正交模拟法确定条件因素和控制参数,以及产品生命周期各阶段环境影响验证指标。充分展现在同一时间内,一个完整系统运行时,各环节运行与整体系统运行达到最佳效果的组合,目标效果最优。

　　然而此种集成化并列设计的灵感和成功的基础必须源自体验。日本著名质量专家狩野纪昭提出的"卡诺模型"(图 2-2)提出了顾客对产品满意度的观点。模型表示消费者对产品质量有基本的质量要求,但通过提高这些基本质量去达到顾客的高度满意却很难。其产品仅具备基本要求顾客不会体现出满意,而这些基本要求不具备顾客就更不满意。事实上顾客满意度是随线性质量因

素的增加而提高的,当达到某一高度或者出现突然来临的意外效果,都会给顾客意外的满意和惊喜。

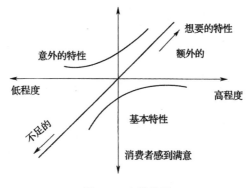

图 2-2 卡诺模型

卡诺模型提出了使消费者感到惊喜的特性是消费者潜在要求的表现形式,同时指出了在设计过程中首先要搞清消费者对产品的什么特性感兴趣、有要求,然后对这些特性加以提升。这样通过发现与解决消费者的潜在要求并给予实现,就会取得意外的效果,给消费者惊喜。

其实卡诺模型以其简单的构想揭示了成功设计的真谛:设计的前提是感受。这种感受来自设计者对顾客需求的体验,这也就是体验设计的概念。

体验设计是一个新的理解消费者的方法,它摆脱了以往的行为定式,以观察为基础,去考察真实环境中使用产品的人的特性背景与需求以及潜在的需求,甚至捕捉消费者使用时的感觉及对产品的使用动机。这些信息将会激发设计者的创造性,给设计者带来新的视角。目前设计师在包装设计上都在寻找一种人与环境与自然相协调的设计思路,设计角度从单纯满足人的需求的低级设计模式升华到人类与自然相互协调共生互补的境界。

体验设计不能仅把用户当作信息源和测试体,而应视之为真情体验的核心。设计者要置身于其中去体验感觉而升华。体验设计是要在消费者和设计者之间形成创造性的交互作用,设计者应该在寻找各种信息中为产品的创新与突破提供机会。

若将集成化并列设计与体验设计相结合,就能对设计有一个很准确的定位,以最简单、最快的速度把所有因素信息集合于一体,形成一个最受大众欢迎的成功设计。

第三节 绿色包装系统设计的原则及方案

一、绿色包装系统设计原则

绿色包装系统设计的第一原则是要使整个工程系统成为绿色系统,其总系统中的各个子系统(环节要素)为无污染环节,以此全面的保证最终产品的绿色。

第二原则是生产过程中要节约能源,节省材料,充分利用再生资源。

第三原则是产品的4R1D原则:包装产品要轻量化,包装产品可重复使用,包装产品可循环再生,包装产品可降解腐化。

第四原则是产品的市场竞争能力,符合国际潮流,受人青睐。物美价廉,市场看好。实用性强,使用方便,迎合消费者的心理。融入国际环保的大趋势,满足人们的绿色消费要求。

二、绿色包装系统设计方案

绿色包装系统的设计方案应按照包装产品整个生命周期的先后次序进行设计和系统规划,环环相扣。设计方案如图 2-3 所示。

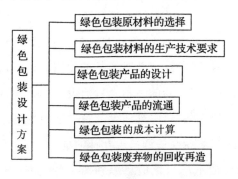

图 2-3 绿色包装设计方案

(一)绿色包装原材料的选择

(1)首先选用绿色包装材料,所选用的材料在包装有效期内不会对产品产生不良影响,如发生化学反应、使产品损坏等。

(2)选用的绿色包装材料要有良好的加工性能、成型性能、印刷着色性能,能使绿色包装材料在"清洁生产"下完成。

(3)选用标准规格的绿色包装材料,要货源充足、价廉物美、可回收再利用或废弃后易处理,对环境不会造成不良影响。

(4)选用黏合剂应是不含有苯等有害溶剂,油墨中不含有害重金属。

(二)绿色包装材料的生产技术要求

(1)清洁生产(绿色生产),所有工序要清洁生产。

(2)技术应满足加工、制造各工序的要求。

(3)性能指标应达到用户要求及国家标准。

(4)印刷方法应规定着色均匀度、色泽、透明度及其他质量要求。

(5)工艺条件应满足技术要求及环保要求。

(三)绿色包装产品的设计

1.包装式样设计

(1)采用多方案比较设计法。

(2)用价值分析法对方案优化、选择。

(3)绘制立体透视图、彩色效果图,按比例绘制结构装配图和零件图。

(4)编制说明书。

(5)制作样品、模型。

2.绿色包装结构设计要素及方案设计

(1)包装结构设计要素。①包装保护性能,如防水、防潮、防震、防锈、防霉、防尘、防蛀、保鲜、卫生等;②包装流通特征,如环境条件、周转次数、周转周期等;③包装有效期;④包装回收使用次数;⑤陈列方式如叠码、悬挂、展开等。

(2)包装结构方案设计。①根据容器类型确定包装结构的组成部分及相互位置关系和联系方式;②确定各组成部分的结构特点和特殊要求,如携带方式、开启方式、展示要求、安全防盗、防伪等;③考虑与容器造型和包装装潢整体协调。

3.绿色包装装潢设计基本要求

(1)应体现产品的特性如级别、档次、价值,包装整体结构造型的特点等。

(2)产品信息应真实、准确、鲜明地传递产品信息和企业形象。

(3)装潢部分的造型应产生强烈的货架效应。

(4)应考虑到不同消费者对图形色彩、商品名称等的好恶和禁忌情况。

4. 绿色销售包装设计定位

(1)企业形象定位通过包装的外观、造型、商标、基色及绿色包装标志等,建立企业特有的形象来参与市场竞争。

(2)产品定位重点突出被包装产品特点,通过包装使产品给用户留下十分深刻的印象。

(3)消费者定位要考虑到不同国家和地区、不同民族和社会阶层、不同职业和文化素养、不同性别和年龄等消费者,也应考虑消费者心理和生活习俗及消费者的绿色消费意识。

(4)市场定位要考虑与同类产品竞争,销售场所是大型高档商场还是普通商店,以及货架、环保内涵、陈列方式及环境内涵等。

5. 包装容器的造型设计

(1)确定容器类型。

(2)内装物的类别,如形态、规格、档次、容量等。

(3)包装物的类别,如单件包装、多件包装、配套包装和系列包装等。如有标准容器应选用。

(4)容器的主要用途,如保护包装、装饰包装、集合包装等。

(5)容器材料的供应情况,如纸、塑料、玻璃、金属及包装辅助材料的供应情况。

(四)绿色包装产品的流通

在绿色包装设计系统中,产品在运输、仓储、保管方面要信息化,如有智能防盗报警功能。包装产品要标准化,符合 ISO 9000(质量)、ISO 14000(环保)、ISO 16000(安全)等法规或标准;要便于运输装卸机械化操作。

(五)绿色包装的成本计算

图 2-4 所示为包装成本的构成。

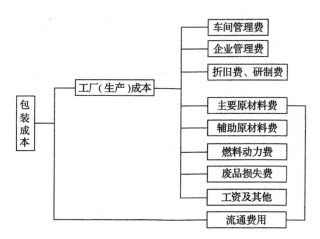

图 2-4　包装成本构成

(六)绿色包装废弃物的回收再造

包装废弃物的设计是绿色包装设计的重要一环,应该设计包装废弃物回收再用或焚烧、填埋处理,或生产其他产品,从而构成一个完美的包装废弃物的良性循环,减少对环境的影响。设计原则如下。

(1)包装材料辅料(如黏合剂、缓冲材料)应减少使用。

(2)包装物(容器)应有材料标识符号,便于回收再用。

(3)包装废弃物尽可能回收再生利用,减少一次性包装。

三、绿色销售包装方案设计

(一)绿色销售包装设计基本原则

(1)设计应符合国家有关标准及法规要求。

(2)包装材料应优先考虑可回收利用或废弃后易处理的材料。

(3)包装产品加工制造采用"清洁生产"。

(4)根据项目任务书或合同书中规定的内容和要求进行。

(5)被包装的产品应与包装材料相容。

(6)保证包装件的强度、刚度、密封性和安全卫生要求,使用材料单纯。

(7)有利于包装操作、陈列、携带、开启、保存和使用。

(8)包装的形状、容积要符合标准化、系列化,便于包装运输,选用标准容器。

(9)应考虑商品销售包装的货架效应和信息传递功能。

(10)低成本。

(11)设计方案中既定的技术要求应能用试验方法验证。

(二)确定绿色销售包装设计条件

1.产品分析

(1)产品类别。如金属、塑料制品、纤维制品、食品、药品、化妆品、化工产品、危险品、儿童用品和军用品等。

(2)产品形态特征。如气态、液态、固态、粉状、颗粒、硬质、柔软、脆性;规则形状或异形体等。

(3)产品理化特征。如挥发性、吸湿潮解、失水风化、易腐蚀、易氧化、易霉变、易蛀蚀、易燃、易爆、有毒等。

(4)产品价值。如一般物品、贵重物品等。

2.确定绿色销售包装设计条件

包括产品分析、产品类别、产品形态特征、产品理化特性、产品价值、环境条件、对产品包装作业时、流通过程中、市场需求、经营规模与机制、销售周期、消费者需求、价格包装式样、回收再利用与废弃、生命周期评估、绿色包装材料及辅助材料、纸、塑料、玻璃、金属、清洁生产(绿色生产与加工),包装生产条件、绿色回收处理等,如图 2-5 所示。

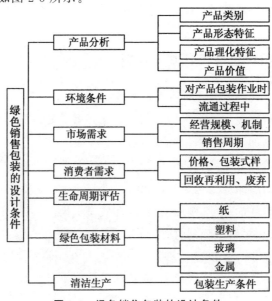

图 2-5　绿色销售包装的设计条件

3.包装试验与测试标准

(1)运输包装试验。对一般产品根据需要选择试验项目,按有关技术标准进行包装物试验。对贵重产品可采用重量、外形和尺寸相同的模拟产品进行试验。运输包装产品的试验标准如下。

①按照 GB 4857.2 进行温湿度调节处理。

②按照 GB 4857.3 进行堆码试验。

③按照 GB 4857.4 进行压力试验。

④按照 GB 4857.5 进行跌落试验。

⑤按照 GB 4857.6 进行滚动试验。

⑥按照 GB 4857.7 进行正弦定频振动试验。

⑦按照 GB 4857.8 进行六角滚筒试验。

⑧按照 GB 4857.9 进行喷淋试验。

⑨按照 GB 4857.10 进行正弦变频振动试验。

⑩有些情况还需选择随机振动试验、可控水平冲击试验、连续碰撞试验及模拟运输试验等。

(2)销售包装试验。

①试验目的。检验包装的保护功能,考察引起产品损坏的原因,研究改进措施。

②试验项目。封口强度试验、密封试验、耐压强度试验、跌落冲击试验、渗漏试验。

③试验方法。容器试验无内装产品的空容器试验。销售包装件试验有内装产品时的试验。实验室试验模拟和重现实际环境条件的试验。实际流通环境条件下的试验。

④确定试验量值指标。按有关专业标准确定。

(3)试销检验。小批量生产试销,由市场检验销售包装件的货架效应和竞争力。

(4)定型设计和鉴定审批。

①改进设计。根据试验分析报告和试销的信息反馈修改设计方案。

②编制技术文件。包括项目任务书或合同书、设计说明书和图纸、试验大纲和试验分析报告、样品、试销报告、成本和经济效益分析报告。

③定型包装设计和鉴定审批。绿色包装定型设计和鉴定审批如图2-6所示。

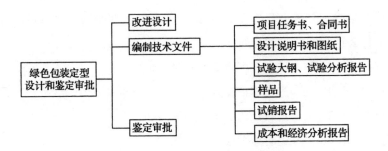

图 2-6　绿色包装定型设计和鉴定审批

根据运输包装、销售包装的成本、经济效果分析报告及包装产品试验报告，对包装设计进行分析和评价，确定包装设计的改进方案。应用优化设计和价值分析法，对包装设计中有关参数进行优化或改进。确定最终设计方案，根据有关标准绘制运输包装、销售包装产品的主体结构图及展开图。编写运输包装、销售包装设计说明书，包装产品试验分析报告、包装经济效果分析报告，由有关技术人员鉴定，报有关部门和负责人审批。

第四节　绿色包装设计的实施策略

一、概述

绿色包装战略是由企业内、外部诸多因素所决定的：内部的业务职能包括营销、研究和开发、采购和供应链管理、业务和环境管理，这些职能同时负责执行；外部环境和其他利益相关者，包括客户、供应商、消费者、消费者团体和监管机构。

对于一个具体特定的业务，绿色包装策略的目标和度量指标应该反映出以下几点。

（1）对其产品和包装的生命周期影响的理解。

（2）企业、品牌和产品定位。

（3）各种监管的要求。

然而，绿色包装的目标是需要通过业务计划和业务过程来实现的。在这些业务计划中，要明确需要优先考虑的因素有：资源分配、可持续性、销售业绩、市场份额、财务业绩等相关目标和指标。

一般来说,绿色包装策略可以无缝地集成到企业现有的业务流程和工作流程中。但是,这需要运用新的知识、技能和工具,并改进现有的业务流程(包括政策和程序)和工作流程,也就是流程再造。

企业在适应和做出这些改变时,其难易程度取决于以下两点。

(1)企业如何进行绿色可持续发展。

(2)企业实现绿色可持续发展目标的重点。如内部资源效率与分步实施产品创新。

如图 2-7 所示显示了一个广义的组织结构,突出了业务单位的范围,以及它们参与和包装有关的绿色可持续发展决策的程度。

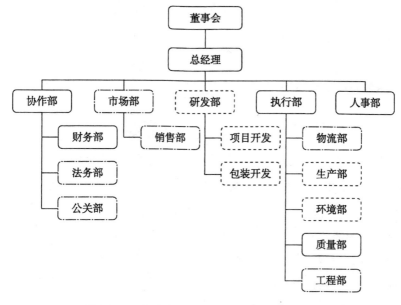

图 2-7 业务功能与绿色包装相关的广义组织结构

注:虚线框表示影响较大,点画线框表示中度影响。

虽然每个企业都有其独特的结构和管理流程,以及根据企业的规模大小,各业务单位在供应链和商业模式中的地位有很大的不同,但是,可以识别出常见的业务活动在参与制定和实现包装相关的绿色可持续发展目标的作用。

对所有企业来说,影响最大的过程是:①战略和业务规划;②营销、沟通和销售活动(公司、品牌和产品);③产品和包装开发;④采购(包装部件、技术、设备)和供应链管理;⑤工艺和环境改善。

二、绿色包装设计的实施策略

(一)建立绿色包装的发展目标

企业战略必须包括绿色可持续性指标、目标和基准数据,以确认包装业务的可持续发展目标,并使业绩得到监控。这些目标包括间接或者直接影响包装决策的目标。

不同的公司在战略高层次目标和指标方面会有很大的差别。例如,沃尔玛公司曾提出:到 2013 年,实现其供应链中的包装量减少 5% 的目标。玛莎百货(Marks and Spencer)曾提出:到 2012 年,将非玻璃包装的重量减少 25%。VIP 包装公司(澳大利亚和新西兰领先的塑料和钢材包装公司)提出:到 2015 年,实现公司生产的包装 100% 得到回收利用。吉百利(Cadbury)提出:到 2020 年,将绝对碳排放量减少 50%。可口可乐公司提出:到 2020 年,将业务运营的碳足迹减少 15%,包装回收率达到 100%。

(二)致力于企业创新发展

包装经历了悠久的创新历史,持续创新是实现企业目标的关键,如不断提升市场份额、开拓和进入新的市场领域、减少产品和供应链成本和浪费、实现绿色可持续发展目标。

包装企业需要建立全员创新的机制。随着绿色包装发展目标成为企业战略的组成部分,参与包装供应链的公司或服务公司的所有业务部门都将绿色包装发展作为创新的新领域。

因此,创新的意愿和能力,特别是在生态效益方面所需的逐步改进,必须在各业务部门和供应链的内部或交叉部门得到提升。

(1)企业必须学会管理那些包含更多潜在高风险举措的投资组合。

(2)营销人员需要愿意重新考虑他们所提供的产品或服务,以及考虑改变其销售和分销模式的可能性。

(3)供应链和采购必须从生命周期的角度重新定位企业业务,使其更具发展的可持续性。

(4)新发展的伙伴关系需要与当前的供应链合作伙伴(客户和供应商)和新

的供应链企业(回收,堆肥)一起创建。

(三)实施创新策略

创新是一个过程,包装企业需要在战略上加以管理,并且要在提升创新的组织能力方面投入。宝洁公司将"创新钻石模型"(图 2-8)应用于新产品开发就是创新战略方法的一个例子。"创新钻石模型"是一种基于最佳实践的四个关键领域的创新模式:产品创新和技术战略,投资组合管理(战略和战术),新产品开发流程,创新文化和氛围。

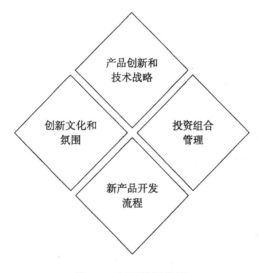

图 2-8 创新钻石模型

(四)理解产品及其包装的生命周期

绿色发展战略规划需要理解产品及其包装的生命周期影响,理解包装在实现公司可持续发展目标方面的作用。

这种理解可以用不同的方式获得,从使用简化的工具(如生命周期图、可持续性影响矩阵和包装特定的评估工具)一直到使用综合的 LCA 数据。所选择的方法应与生命周期评价的具体目标、可利用的资源(时间、金钱和内部能力)以及企业业务如何可持续发展相匹配。

无论业务发展的方法和阶段如何,企业每年更新的战略和业务计划都应确保可持续发展成果得到持续的改进。

(五)定标当前的绿色可持续性程度

将绿色可持续发展嵌入企业业务中所面临的困难之一是不知道从何处着手。这是企业变革最大的障碍,缺乏清晰的焦点,也不知道为什么。换句话说,不知道做哪些"正确"的事情。

但实际上,行动起来可能比从哪里开始更重要。一旦有意识地做出决定来解决绿色发展问题,途径就会出现,而且会越来越清楚该关注什么和为什么关注。

衡量当前的绿色可持续性程度有助于为采取行动而识别出哪里是优势、劣势和哪些是优先事项。

绿色包装可持续性目标和策略应该被嵌入相关业务单位的业务计划中。具体目标和策略的选择包括以下四项。

(1)支持业务可持续性、其他目标和优先事项。

(2)减少产品和业务流程的生命周期影响。

(3)符合利益相关者的期望。

(4)符合贸易惯例和可持续性的规定。

例如,美国可持续包装联盟出版了一系列绿色可持续包装设计指南。用以下问题来评估一个企业是否遵从了法规:

在哪个国家或哪些国家销售这种产品和包装?

适用的监管要求已经确定了吗?

与公司产品有关的法规也适用于包装?

在产品的最终目的地,哪些材料被禁止或限制?

对于现有的包装费用,是否可以通过使用不同的材料来减少?

有什么设计要求? 如空间利用率、回收量、可回收率、回收利用率等。

如果需要详细的法律标签(如药品和个人产品),可以使用替代品,如折叠标签,而不是使包装更大?

是否符合公司每一个供应商提供的或可获得的重金属或有害物质法规和木材处理标准的合格证书?

企业是否有可能采用一种对所有包装设计都采用最严格的标准?

（六）建立绿色包装设计团队

许多企业通过建立了一个跨职能的团队，负责制定和监督绿色包装可持续发展战略的实施情况。通过建立这样的团队，有助于确保：①该战略与其他业务目标和优先事项相一致；②目标、目的和活动都是相关的和可实现的；③业务的可持续发展能力得到同步发展。

负责绿色包装设计的团队人员必须对业务有很好的了解，包括：①目标和优先事项；②对于包装如何做出决定，与谁有关；③产品和包装的生命周期的影响；④外部利益相关者的期望，包括客户、供应商和管理者，以及与他们交流的技能。

对于绿色包装设计团队的管理，可以从以下方面开展：①确定涉及包装相关的决策的业务单位；②在这些业务单位中找出潜在的绿色可持续发展拥护者；③为这些参与团队的拥护者取得各级管理上的支持；④与绿色可持续发展拥护者举行会议，制定团队活动条款，包括要处理的业务目标、团队的业务案例概述、活动范围、资源分配和业绩评价；⑤向执行/高级管理团队提供反馈和批准的范围；⑥如果执行/高级管理团队成员不在团队中，请从执行/高级管理团队中任命一名团队发起人；⑦开发和记录可持续发展行动计划的包装，这可能需要团队的背景研究和一些初步的培训或意识活动，考虑聘请有经验的促进者来帮助团队有效地完成这个过程也是很有用的方法；⑧每月召开会议，审查计划进展情况，如有需要，更新行动计划；⑨通过团队发起者每月向相关部门经理和执行/高级管理团队汇报团队进展情况；⑩每年就团队活动条款和计划报告成绩，并酌情更新。

（七）理解目前的包装

包装企业需要建立和维护包装数据库。包装数据库应保存包装材料的目录和组件信息，例如：型号、用量/销售数量（单位和重量数）、供应商、应用、回收内容及其来源（后消费和前消费）、生命结束回收过程、终端市场的回收率。

数据库是一个有用的资源，包括：①协助进行包装基准测试和进行包装剖析；②支持包装的发展过程；③支持与客户和供应商的参与过程；④提供报告和衡量业绩的信息（包括遵从法规的情况）。

对目前包装的基准测试，其作用是帮助确定目前的优势（包装材料、组件、或者包装系统），确定新的商业机会的优先领域（新产品、降低成本、减少风险）。

包装的基准测试过程应该考虑:①产品包装系统、包装材料和组件的生命周期影响;②调整或以其他方式实现公司可持续性目标和指标;③符合包装特定的法规要求;④性能与最佳实践(不一定属于最佳)和竞争产品。

用于包装基准测试的工具包括:生命周期工具、包装材料的生命周期、包装可持续性框架。

(八)剖析目前的包装

对于目前包装详细的剖析可识别出进一步改进的机会和找出最合适的设计策略。

首先将当前包装分组为逻辑类别。这里举个全球餐饮公司的全资子公司萨拉李(SaraLee)澳大利亚包装公司的案例。这家公司按照澳大利亚包装盟约对所有现有的包装按照绿色可持续包装指南进行剖析和评价。先将各种包装归入逻辑类别(例如,按产品分类或按包装材料分类)。剖析的目的是确定改进的机会。

这家公司的包装按照业务分成三个类别:面包店、零售茶和咖啡、餐饮服务茶和咖啡,以确保其当前业务结构的一体化。营销和销售部门负责完成产品和包装的分类,并且进行更详细的分组过程。其现有的包装分为以下类别:①面包店:基于包装类型,分11个产品组和4个单独的库存单位;②零售茶和咖啡:分4个包装组(玻璃瓶、柔性膜包装的咖啡豆和茶砖、罐、袋);③餐饮服务茶和咖啡:分为很多类别,优先考虑那些销售比例最高的和改进机会最大的分类。

每一个包装类别中的包装应该是相似的。当然也有可能用其他标准,使剖析过程高效和有成效。例如,按照从同一供应商、同一生产现场或业务组进行分类有时可能很有用。剖析的目的是在一定的时间框架(如2~3年)审查每一个包装类别,以确定未来升级或重新设计的机会。

包装剖析可以通过多种方式进行。例如,可以使用LCA工具。如果由于资源限制(技能、时间或资金)无法访问这些信息,则可以使用生命周期图、指导方针和检查表。准备一套指导方针或检查表,确保每个包装类别都能考虑到相关的问题。

在包括供应商在内的内部和外部利益相关者的参与下,对每个包装类别的绿色可持续性进行剖析:①绘制生命周期图;②确定重要的可持续性影响和"热点"(行动优先事项);③记录这些影响在可持续性矩阵中;④通过指导方针/检查表,确定改进的具体机会;⑤记录剖析结果并采取行动调查进一步机会。

(九)识别绿色包装具体的目标和指标

包装对实现绿色可持续发展目标的贡献主要通过三个业务过程来完成:产品(包括包装)的发展、包装设计、供应链管理(包括采购、物流)。

绿色包装设计需要与许多其他因素一起考虑,如成本、消费者接受、功能、资本可获得性和风险。这些因素已经在这些业务过程中得到考虑,而且通常具有良好的特征和量化。

因此,要确定识别绿色包装的指标,以便:①制定包装特定的可持续发展目标、指标和基准;②传递包装有关的决策;③测量包装可持续发展取得的成就。

识别绿色包装需要考虑采用不同类型的指标:①LCA 指标,如产生的废物数量、全球变暖潜力、用水量和土地占用量;②包装可持续性指标,提供有关产品包装系统的功能和性能的信息,但不涉及整个生命周期,如产品包装率、空间利用率和消费后的废弃物的回收率;③其他相关经济和社会指标。

公司可持续发展战略中的目标应该指导绿色包装的具体目标和指标的制定,以确保它们是一致的和相互支持的。

(十)关注供应链企业的发展

尽管企业的模式有所不同,一般来说,包装供应链是一个复杂的网络,其中有材料生产商、包装组件制造商(加工商)、包装设备供应商、品牌所有者(包装用户)、零售商和废物回收服务商和设施供应商(图 2-9)。绿色包装要求供应链上的所有企业很好地理解其产品在包装产品系统的生命周期中所起的作用。

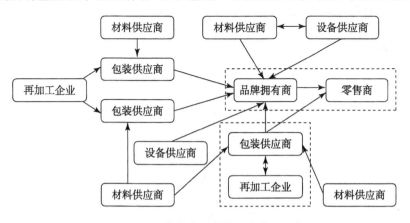

图 2-9　包装供应链中的业务关系示意图

包装业务中有许多利益相关者,他们对业务和对绿色包装的可持续发展有不同的期望,也产生不同的作用和影响。利益相关者分析可以帮助确定他们在可持续发展方面是起到支持或还是起到阻碍的作用。

(十一)按照绿色行动计划开发包装

绿色包装行动计划是通过包装设计将绿色可持续发展的意图转化成绿色包装产品。这最终将绿色包装嵌入企业的战略和业务规划中。

该计划应反映企业目前的发展阶段,利用现有的优势,并提出解决存在的差距和弱点的具体措施。这个阶段对企业实施绿色包装非常关键。例如,如果一个企业目前没有看到绿色包装的商业案例,那么要获取资源对产品进行生命周期研究的可能性就不大。但是,可能会有机会将包装效率目标和过程改进活动列入产品开发中,因为这些也可以减少商业成本。另一方面,如果一个包装企业在绿色发展方面取得了很好的进展,优先考虑的可能会是增加生态效益项目的数量,而这些项目需要更多的创新和面临更大的风险。

绿色包装行动计划需要考虑如下因素。

(1)包装(每个业务单元和包装决策)在多大程度上有助于实现企业的绿色发展目标。

(2)绿色发展目标对包装的作用和对环境的影响。

(3)与包装有关的决策是什么,谁参与决策。

(4)如何在内部和外部进行关于绿色包装的目标、挑战和成就的交流。

(5)哪些利益相关者参与以及如何参与其中。

计划应至少编制3年期的,并作为战略和公司规划进程的一部分,每年至少审查一次。

第三章
绿色包装设计的调研与分析

第一节　市场调研

制订包装设计计划,首先要进行市场调研,目的是了解、分析市场和目标消费者,以及同类产品的相关信息等,从而有效确立包装设计的策略与目标。

一、市场调研的角色与作用

市场调研(Marketing Research)亦称市场研究或营销调查,具有收集、记录、分析数据资料,反映企业商品、品牌、服务在市场中与消费者关系的职能。市场调研不仅是营销分析的工具,也是商品包装设计过程中的组成部分。一方面,调研的深入程度有助于企业与设计师掌握市场动态和消费者需求,也可为设计师提供关于包装设计定位、创意及实践的依据和参照。另一方面,市场调研可以为商品及商品包装设计提供进一步调整、优化的依据。

二、市场调研的内容及信息来源

(一)主要内容

针对商品包装设计的市场调研主要有以下四个方面:商品销售环境调研、商品包装调研、商品自身状况调研、目标消费群体调研等。

商品销售环境调研:了解商品的市场营销环境,从宏观和微观角度,调查经济环境、地域环境和商品的竞争环境,以及商品运输流程、陈列销售等方面的内容。

商品包装调研:从原有包装的设计创意、形式、材料、制作等角度,了解市场与消费者对其情况的反应。同时还须了解同类商品的包装,并对其优劣进行分析。

商品自身状况调研:了解商品自身的特点与市场状况,从商品的个性特征、市场需求、营销情况和品牌印象等角度,了解商品目前在市场中的状况及趋向。

目标消费群体调研：了解商品目标消费群体的消费观念、消费行为和消费心理特征，调查目标消费群体在接触包装时的行为特征。

上述调研内容要根据自身需求加以筛选，并根据商品特性选择相应的调研方法。调查过程中须做到目标明确，内容针对性强，计划具有可操作性，并严格控制实施过程。

(二)信息来源

市场调研的信息，主要来源于客户、政府机构、行业协会、各类媒体，以及调研公司的资料数据。

首先应选用客户所提供的资料和数据。但是，由于某些主观原因，客户提供的信息资料不够客观、全面，此时应注意甄选，在对相关调研数据认真汇总、分析的基础上综合使用。

从政府机构、行业协会和大众媒体得来的相关资料、数据，也是市场调研信息的重要来源。如政府和各省市统计部门发布的统计报告；行业协会就本行业情况和发展动态提出的统计数据；媒体围绕具有新闻价值的实地调研和综合报道等；其权威性、可靠性和实效性，对把握客户所在行业的前沿动向、发展趋势，以及综合分析客户所处的行业位置，都有着重要的辅助作用。

调研公司的数据和资料可分为两种类型：一种是通过查阅调研公司公开发布的各类调研资料信息而获得与客户相关的信息，另一种是通过委托具有市场调查资格和经验的专业调查公司获得的第一手资料。

来源于市场调研的信息资料对于形成全面、客观的市场认识有着非常重要的意义，设计师在此基础上可以更为全面、精准地进行商品包装设计。

三、调研程序

市场调研的程序一般经过确立目标、制定方案、实地调研、总结分析和报告撰写五个阶段。

(一)确立目标

实施市场调研，首先应明确调研的目标。市场调研目标一定要针对所服务的具体商品或品牌给出可量化、操作的标准，一般来说，应建立在对以下问题的思考之上。

(1)为何调研？（调研目标清晰）

(2)调研什么？（调研内容明确）

(3)怎么调研？（调研方法科学）

(4)结果如何？（调研结果实用）

(二)制订方案

拟订调研方案是一项严谨的系统工程,须根据已定的调研目标制订出认识统一、方法统一、进程统一的具体执行方案。市场调研方法应具备全局意识和前瞻性,既要对方案执行的环节通盘考虑,也要对调研时可能出现的问题预先安排。因此,制订调研方案,第一要明确调研时间、调研地点、调研人员、抽样方法、调查样本、调查进度安排,以及相应的调研费用预算;第二要列出翔实的、可操作性强的调研步骤;第三要对调研时可能出现的问题制订出调整和替代预案。

(三)实地调研

实地调研是获取第一手数据信息的重要环节,通常应当以调研方案为依据开展调研活动。当然,在调研过程中往往会遇到一些不可预测的情况,比如样本出现偏差、配额数据不够、调研环境改变等。如果实地调研超过了调研方案的范畴,一定要与调研负责人沟通,及时调整调研方案,确保调研目标的顺利实现。

(四)整理分析

调研活动结束后,应尽快对数据资料进行汇总、筛查和分析。数据汇总需要列出关键变量加以分门别类地梳理;数据筛查是对已经分门别类整理的数据资料再次进行校对和审核,去掉重复数据、错误数据和误差较大的数据;最后,采用 SPSS、SAS、Stata、Excel 等统计软件对数据资料进行统计分析,生成有关数据表格,并制作图表。

(五)报告撰写

撰写调研报告是市场调研的最后任务,也是体现调研成果的关键,是提供商品包装设计创意决策的重要依据。一般而言,市场调研报告包括序言、正文、结论、附录等部分。序言又称引言,用简练的文字介绍调查目的、主要内容、抽样技术、执行情况、分析技术等,为正文的描述做前期铺垫。正文是调研报告的主体,需要对调研得来的一手数据和整理的二手资料进行分析和阐述,通常按照"分析数据、发现问题、给出建议"进行。结论是整个调研报告的重点,简明扼要地阐释在调研过程中发现的问题,以及如何解决的建议。尽量以条目、图表罗列,以方便阅读。附录一般指本次调研活动的组织单位名称、调研分工、统计图表、原始数据、参考资料和版权声明等内容。

四、调研方法

市场调研的方法很多,大致可以分为定性和定量两类。定性的市场调研以观察、陈述和经验分析为主,主要解决"为什么"的问题;定量的市场调研以实验、问卷为主,主要解决"是什么"的问题。两种方法体系在一定层面上可以混合使用,以增强市场调研的可信度和有效度。对于包装设计师而言,针对包装设计的特点,通过定性、定量等多种方式进行调研,需要深入销售第一线直接了解商品的销售情况、消费者的购买行为、商品的陈列方式,以及商品包装与销售环境的关系;也可以采用小组访谈、问卷调研的方式进行信息资料、数据的采集。常用的调研方法包括以下四种。

(一)观察调研法

观察调研法是指调研人员以客观的态度获得一手资料的方法。内容有参与观察法、旁观观察法、长期跟踪法、短期跟踪法等。调研人员运用观察技巧,置身销售现场对消费者的购买行为、商品的包装与陈列情况、同类商品市场表现展开调研和记录,同时还须对消费者使用商品的状态进行观察。既可由人工完成,也可通过设备采集。

观察调研法因其直观性的特点,使调研结果更为真实和客观。但由于这种调研法基本上是调研者的单方面活动,无法细致了解消费者的动机、态度、情感,以及消费者选购行为中的随意性等。因此,观察人员必须坚持客观、公正、实事求是的调研态度,并能时刻关注调研对象的动态变化,调研过程中尽量不被观察者察觉。在条件允许的情况下,用设备补充或替代人员观察,可以保证获得的数据更为准确、可靠。

（二）访谈调研法

访谈调研法是市场调研中常用的一种方法，通过与被调研者的访谈，可以得到更为实际、具体的信息，这些信息与消费者的购买态度、行为、方式有直接关联，可以帮助设计师更好地了解市场需求的细微变化。访谈调研法以小组访谈或个人深度访谈的方式了解消费者对于商品包装的不同认知、个性偏好和心理诉求，以及对不同商品包装的反应，是对观察调研的深度补充和丰富。

（三）定量调研

定量调研是市场调研中最为广泛使用的方法。经常使用面访、电话采访、邮寄问卷等方式，而且要有一定的数量和代表性。定量调研通过对样本的调研结果所获取的数据进行整理、分析，进而推测，并从中得出调研结论。近年来随着互联网的发展，网上调研的方式被广泛采用，这种做法节约了调研的时间与费用。

有效的调研问卷是实现市场调研目标的重要依据。围绕调研目标和主题，在制订调研问卷时应考虑以下因素。

首先，应该明确体现出调研的主要目标，问卷中避免出现过于复杂、晦涩的问题，使应答者无所适从。因此，可以利用简短的引言或概述说明本次调研的目的、目标，对应答者的思路加以引导。

其次，应当注重问题排列的顺序和节奏，将一些容易回答的问题排在前面，逐步深入加大难度，使应答者能够在较为轻松回答问题的同时逐步进入状态。同时，在设计调研问卷时，避免过于跳跃性和不合逻辑的次序排列。

另外，设计问卷所用到的语言要特别注意适用于所选定的应答者的群体特征，注重语言表达的简洁及趣味性和逻辑性，力求方便被应答者正确理解，并有兴趣顺利答完。需要注意的是，不要在问卷中触及应答者的隐私，造成应答者反感，或有意诱导，导致问卷的回答文不对题。

（四）实验调研

实验调研是在限定的条件下，采用小规模、随机分组的对比实验来分析用户和市场反馈的方法。它包括统计调研、抽样调研、跟踪调研、样品调研、对比调研、资料分析六种方法。实验调研是以测试的方式帮助企业对新商品的包装与销售,以及市场做出恰当的决策,从而为商品包装的适时调整提供有价值的参考。对于新推出的商品包装,可制成少量样品试售,并进行跟踪调研、测试市场反应,从而判断包装设计策略是否正确。

随着调研手段和工具的更新,调研方法也得到不断的完善。如利用计算机辅助选择调研对象、处理数据、分析调研结果;又如随着技术的进步,可以借助科学仪器,如测谎仪、眼动仪等,帮助调查者获得更加全面、丰富的资料。

需要注意的是,以上列举的调研方法并不是孤立的,科学搭配、合理选择是实际调研运作中的基本原则,调研人员可以根据调研目的和调研内容,混合、交叉、灵活设计调研方法,目的是确保调研结论的准确、全面、合理与有效。

五、调研内容分析

针对商品包装设计的市场调研内容的分析一般包括以下五个方面。

(一)对目标市场的分析

明确目标市场是制订商品包装设计计划的前提,目的在于了解消费者共性、个性特征和需求的差异。对目标市场的分析包括了解、判断目标消费者的性别、年龄、兴趣爱好、受教育程度、社会身份等,还包括了解消费者欲求与商品、包装存在的问题,以及对商品包装的期待值等信息。总之,应站在客观的立场上进行分析与判断。

(二)对商品、包装的分析

要设计出能够得到消费者认可和喜爱的商品包装,需要对商品有全面深入的了解,包括对商品外观、形态、功能、材料、质量、价格、档次,以及使用方法、保养维护、适用人群和市场销售状况等的了解,尤其需要熟知商品特征、优势劣势,从中提炼出商品的基本诉求点。在条件允许的情况下,设计师应亲自体验商品的使用过程,形成对商品的直接认知。

(三)对竞争对手的分析

进行商品包装设计时,设计师需要了解竞争对手的商品包装与市场反馈情况,注重收集分析国内外优秀案例,尤其需要针对市场上同类商品包装的优势进行研究,以有利于提出有别于竞争对手的、具有前瞻性和自身特点的创意、设计思路。

(四)对包装设计要素的分析

从视觉传播的角度,商品包装设计要围绕现有包装的视觉元素如图形、文字、色彩等展开,重点考察赢得消费者喜爱的包装图形、色彩、样式和风格等。如中式与西式,时尚与复古、抽象与具象等。在造型结构方面,需要分析其是否能满足商品的运输、储存、保护、陈列等要求。除此之外,还应充分考察包装材料、工艺的加工方式,并注意当前社会文化形态、审美取向和流行趋势的影响。

(五)对销售方式的分析

商品及包装最终要与消费者展开面对面的交流,因此销售方式的不同在一定程度上影响着包装设计的传播效果,这就需要设计师充分了解商品的销售环境、促销手段等,并根据商品特点考虑具体的销售方式,如超市销售、专柜销售、电视销售、网络销售等,尤其需要重点了解同一类商品以同一种销售方式售卖的情况。同时,还须注意分析销售地域的气候、生活习俗及文化禁忌等问题。

只有通过以上科学、严谨的市场调研分析,设计师才能对设计对象、设计内容和设计范围有较为全面的了解和认识,由此形成客观、全面、准确的调研结论,为下一步的商品包装设计奠定坚实的基础,创造有利的条件。

第二节　市场定位分析

市场调研是围绕寻找创意"点"而进行的,最终确定商品包装设计的理念,还需要在市场调研报告的基础上形成行之有效的设计定位。

美国营销学家艾·里斯和杰克·特劳特在 20 世纪 80 年代出版的《定位》一书中提出了"定位"观念,后经菲利浦·科特勒的进一步阐述,逐步成为现代企业市场营销的重要理论之一。"定位"(Positioning)是通过一系列科学的市场竞争评估和消费者分析,通过商品设计和品牌形象传播等手段,确立本企业或商品在消费者头脑中的独特位置。定位策略的过程,其实质在于深刻把握消费者需求,树立企业或商品在营销竞争环节的独特性,从而影响消费者的认知态

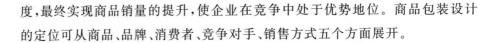

度,最终实现商品销量的提升,使企业在竞争中处于优势地位。商品包装设计的定位可从商品、品牌、消费者、竞争对手、销售方式五个方面展开。

一、商品定位

商品定位是根据商品本身特质,在与同类商品的比较中,凸显自身个性与特征的手段,目的是使消费者形成对商品明确、清晰的了解和认同。例如,某些具有地方特色的商品,其包装设计应注重突出其地域文化特色。又如,保健品的包装设计应凸显商品的功能、成分和形象,方便消费者选择。

商品定位可从以下三个方面着手。

(1)商品品质:如商品的属性、类别、产地、性能和功效等。

(2)商品文化属性:如商品的历史,口碑、地域特色等。

(3)商品档次:如属于高、中、低档的哪一类。

此外,还可以借助商品包装的材料、工艺等方面树立商品包装的个性。

二、品牌定位

品牌定位是以突出商品品牌形象为目的的手段。在现代市场竞争中,塑造品牌形象、树立品牌个性、加强品牌认知、增强品牌效益、延续品牌魅力已成为企业营销的重点。对于企业而言,商品包装设计的品牌个性强化是十分重要的。

(一)品牌色彩定位

色彩往往给人以强烈的视觉印象,是品牌差异的最佳表达方式之一,如可口可乐包装的红色,应用于其系列包装上,与其竞争对手的商品包装形成鲜明对比。

(二)品牌图形定位

品牌图形包括品牌的核心图形、吉祥物、辅助图形等,在包装设计中保证图形、色彩和风格的统一,有利于品牌形象的识别和认知。例如,可口可乐包装上的"曲线"成了该品牌的标志性符号。

(三)品牌字体定位

品牌字体以其易识、可读的优势,成为消费者选择商品的标识,如麦当劳的

"M"等,使人一目了然,成为品牌的象征和个性形象。

三、消费者定位

定位理论的核心是围绕消费者需求展开的,只有根据目标消费者的特点进行定位,才能体现设计的针对性。一般可以从消费者的年龄、性别、收入、职业、文化程度,以及喜好、消费习惯等方面进行目标消费群划分。例如,化妆品既可以根据消费者性别划分,也可以根据消费者的皮肤特点划分,还可以结合消费者的年龄特征区分。

四、竞争对手定位

在激烈的市场竞争中,为占有一席之地,商品要在与竞争对手的较量中确立自己的独特个性。在商品包装设计中,可以从以下几方面形成与竞争对手之间的差异,包括图形、色彩、文字、造型、结构等。例如,七喜可乐就反复强调"非可乐"的特点,并以醒目的绿色、个性的卡通形象与同类型的其他商品形成鲜明对比,在差异化中不断强调自身商品特色。

五、销售方式定位

商品销售之前要确定销售方式,充分考虑内外销、淡旺季、销售地,以及流通方式和陈列方式等问题,由此决定设计的创意策略。例如,在口香糖的包装设计中,考虑到消费者大都是在收银处选购,因此通常采用五条装的小包装,以方便消费者取拿。还有许多商品包装兼具悬挂功能,较好地适应了超市自助式的销售方式。

以上列举的商品包装设计定位方法既可单独运用,也可相互搭配。但在具体策划时,须考虑它们之间的主次关系,如处理不当会造成信息传达的盲目和模糊不清。定位需要立足从市场出发,明确商品营销战略方向,并结合时代潮流和消费趋势,以目标消费者需求为依据进行商品的包装设计,从而做到有的放矢。

第四章
绿色包装的要素设计

第一节 绿色包装设计的视觉特征

作为一种视觉传达设计,包装设计首先要考虑的是信息的有效传达。现代市场条件下的人们设计和运用的各种包装,其角色和任务是无声的推销员,承担着向观众(也就是消费者)宣传企业产品的任务。

所谓有效传达是指传递信息要具有正确性、快速性和艺术性。具体地讲,就是好的包装设计要让观众能够准确无误、快速有效地被吸引或感动,从而认知包装上所表达的东西。

视觉传达设计是以包装的造型以及包装上的图形、文字、色彩等视觉要素为媒介,来传递有关企业产品信息的。

包装虽然也属于视觉传达设计的一种,具有市场竞争性、意味性和直接性的特点,但与其他平面设计相比有很大的区别,主要因为以下三点。

(1)内容不同:包装是传递商品的相关信息。

(2)媒体不同:包装是在市场中传播的,是商品的附属品。

(3)传达方式不同:包装通过文字、图片、实物(商品)共同传达。

一、直接性

直接性指包装设计在具体的市场环境下,以对观众进行直接的视觉求诉的方式进行信息传达。

广告海报等其他的平面设计在表达和传播上更善于利用文学性、夸张性和戏剧性的方式进行变化,从而延伸作品的内涵,传达出更深刻的含义。广告的传达形式多种多样,其中对话形式是在广告招贴时使用最多的方式,以对话的方式让观众更有代入感,感觉图上的人就是在和自己对话一般;还有把极具表现力的场景和人物形象运用到广告中的方式,从而增强广告的感染力让观众印象深刻;还有的将文学作品和形象运用到广告中,达到暗喻的目的,传达出作者的观点和思想,以吸引人们对于广告内容的兴趣。如今很多媒体上传播的广告形式多样,丰富多彩。

包装作为一种视觉传达设计,其主要作用就是向消费者传递商品的相关信息,消费者在购买商品时同时购买了商品的附加物品——包装。特别是随着商品经济的发展,包装设计也成为吸引消费者购买力的一个重要因素,包装的美观性、简单性、色彩、样式等都会影响消费者对商品的了解兴趣,往往一个好看的包装更容易吸引消费者的兴趣和购买欲望。这就对包装设计提出了一个明确的要求,即简洁明了、直观,而不需要戏剧性和文学性,方便消费者迅速获取商品信息。

二、寓意性

寓意性指包装设计主要通过包装(包括容器)视觉上的一些要素,让消费者产生联想,引导他们理解包装内产品的性质,激发消费者对产品价值(包括附加价值)的认识以及特定的文化上的亲近感,最终形成购买产品的愿望(也包括对企业形象的认识与认同)。

包装设计必然会赋予包装一定的含义,这些含义来源于不同的方面,有的是来源于包装的造型、色彩和形状,激发了消费者的联想性;有的是来源于包装中产品的功能和属性给消费者的印象和体验;还有的是来源于一些风俗习惯或民族传统文化。

从哲学和心理学的角度来看,之所以包装具有一定的寓意性,主要还是因为人们对于客观事物的感受会与自己多年经验形成的主观性思维发生作用,让人们对客观事物有更多的想法。

三、竞争性

竞争性指包装设计必须从市场的具体环境出发,始终将设计的定位放在与对手竞争的基础上。包装设计者必须研究对手的特点,使自己在色彩、造型等各种视觉要素上超过对手,在市场这个战场上压倒对手。

包装作为商品经济流通中的重要环节,也具有市场竞争性,这些竞争性主要在于包装设计就是视觉上的竞争,比如通过色彩和外形等因素让不同的包装有不同的辨识度,因为消费者对于辨识度更强的包装和商品更有记忆点,印象深刻。当然,在市场竞争中始终要坚持诚实信用的原则。

第二节　绿色包装设计的风格化体现

包装作为产品的外衣,不仅要将产品所要表达的基本信息传递给消费者,而且无形当中也是产品表达文化内涵的载体。在现代社会中,设计更加重视文化层面,设计成为一种文化形态,通过丰富视觉语言的表达,加强设计作品的艺术魅力。精美的包装能够激起消费者高层次的社会性需求,具有文化内涵和艺术魅力的包装对消费者而言是一种美的享受,也是促进消费变为长久性、习惯性消费的驱动力量。

随着商品经济的发展,包装不仅仅是用来装商品那么简单,而是更具有艺术性,包装将商品经济的商业性和艺术性完美地融合在一起。一般来说,不同国家、不同民族、不同地区的人的审美存在很大的差异性,这也直接表现在包装设计的民族性、特色性、风格化等方面,故而使得商品包装更具有艺术性。以我国的商品包装为例,我国的民族文化博大精深,许多有意义和象征性的民族文化图案、风俗文化会应用到包装中表达一些美好的祝福,比如福禄寿、吉祥如意、花好月圆。但是这些民族文化和元素的应用并不仅仅局限于本民族和本国家,特别是随着国家之间的文化交流不断深入,民族的许多文化和元素都是世界性的,是融合共享的,而且民族文化在这个过程中会得到更好的发展。比如中国香港著名设计师陈幼坚,他的包装设计具有独树一帜的风格和艺术审美,乍一看简单大方直观,再仔细一看便会发现别有洞天,他的包装设计将许多中华民族文化的色彩、文字、花样和图案融为一体,同时将西方的经典元素和色彩风格融入其中,实现了中西合璧。这些巧妙的设计,比如色彩的运用、图案的设计、文字的排版不仅展现出了中华文化的博大精深,而且更具时代感和国际化,也让这些商品包装成为精美的艺术品,更好地体现了包装设计的风格化。

第三节　绿色包装设计视觉要素的编排

产品的包装为了取得最大的视觉力度,在竞争中争得上风,常常运用各种方法将各种图形文字有机地组合起来,在编排上具有与其他平面设计不同的特点。

产品外包装的面积只有那么大,所以在视觉要素的编排上要合理利用每一个地方,把产品的一些有效信息更直接地向消费者展示,增强产品竞争力。在排版设计的时候,可以通过下面这几种方法来综合考虑,以求合理科学地把所要发布的信息尽可能地在外包装上展示出来。

一、组合形编排

包装设计视觉要素的编排,人们一般都是选择组合形这种方法来将不同的信息在外包装上展示。组合形大都是采取联合和复叠的方式来进行。

为了让外包装的画面更加紧凑得当,可以把所要体现的信息通过不同的组合结合在一起,这就是联合。为了让外包装尽可能多地显示产品信息,可以将多幅图画叠加,这样就可以让主要产品信息进一步得以体现,这种方法就是复叠。

在包装上每个视觉要素都是一个形。在联合与复叠时,图形文字要素有一个完形与破形的问题。完形是相对于破形而言,指的是文字图形不被其他要素所覆盖、分割,有一个完整的形象,主要用在企业品牌标志等要突出表现的要素。破形可以通过复叠实现,也可以以"出血"的方式具象。破形的形象可以是产品的重要视觉要素,但也可以是一些次要信息。完形与破形可以灵活地加以使用,丰富设计的视觉效果。

二、编排组织层次与织体

为了让版面上的所有内容更简洁明了,可以在组合形方法的基础上对版面进行层次排列。

这里的层次与织体概念,实际上讲的是一种分析与组织画面的方法。将画面分层次,具体来讲,也就是将要素首先以"组合"的方式组织起来,形成基本单元,然后将它们按照色彩、肌理、形态来加以区分,分成不同的层次加以处理。层次可以是两层的,也可以是多层的,在层次组织的基础上构成丰富而组织合理严密的画面织体。

在进行产品外包装设计的时候,要让图画显得层次分明,这样可以给消费者更直观的感受;也要让织体显得更流畅,展示出它的独特风格;同时还要从视觉感受出发,合理搭配各种色彩,形成鲜明对比。

大多数产品的包装上画面留白都非常小,因此不能用太复杂的设计,否则会弄巧成拙。

这里还要提出的是视觉密度的概念,这是包装设计的与众不同之处。视觉密度是指画面上图形文字(信息)的密集程度。不同的包装具有不同的视觉密度。食品类、文具类、玩具类包装往往具有非常高的密度,各种信息以最大化的形象展示在主立面上;而化妆品的包装一般是密度最低的。

三、编排组织动势与视觉流程

不论是哪种物象,它们在外包装的图像上都能展示出一种律动感。在展开趋向以及形态的延伸中都可以发现它们的身影,它一般在信息和信息之间的均衡以及对抗与冲突之间得以体现,人们通过它不但可以在对产品的接触以及了解的过程中找到整个设计的规律,同时可以通过它对产品的一些信息展开联想。比如外包装画面上的一些人物的动向,色彩搭配这些都能够产生一种力,通过这种力,人们可以在解读中进行跳跃。这就是人们常说的动势。

各种动势在画面上应复合出现,互相呼应、支撑,取得平衡。在设计中总有一个主导性的动势。设计师要根据传达内容规定的要求,将各种要素及其动势关系处理好,使它们组成主次、先后关系明确的画面结构,引导消费者在辨识、解读画面的时候,有一个从起点到高潮、转折,最后到终点的有序过程,这也就是所谓的视觉流程。

在外包装的画面处理上要合理选择处理方式。要从产品的实际情况出发,最终确定外包装的设计是选择安静和谐,还是选择炫酷动感。

四、编排规律

(一)对称

在对一些相对比较正式、安静的产品进行外包装设计时,一般都是采用对称这种编排方法进行设计编排。这种设计方法一般都是以一个中心为对称点向两端延伸,也可以适时修改,增加一些能反映产品的信息。

选择对称这种方法进行外包装设计的时候,一定要合理编排产品信息,让它们相对显示出对称感。

(二)均衡

大部分产品在外包装设计上都是选择均衡法进行编排设计。这个设计方法从名字上就可以看出来,它的设计理念就是让整个外包装设计显得平衡、和谐。设计师们可以对要显示的信息进行合理编排,尽可能让所有要展示的信息都能够在外包装上显示出来,同时为了更好地宣传产品,也可以按照产品的实际情况增加一些更能凸显产品的信息。

(三)对比

一些针对儿童产品和食品的外包装设计,一般都是运用对比这种编排法。采用这种设计法可以让外包装的视觉效果更好。但是采用这种方式进行设计的时候,一定要合理安排所要展示的信息,同时让画面显得更和谐。

第五章
绿色包装的结构设计

第一节　盖子和封缄的可持续性设计

一、瓶盖设计

（一）（皇冠状）金属瓶盖

（皇冠状）金属瓶盖适用于在瓶顶施压，并在瓶颈的玻璃环处密封的瓶子。

（皇冠状）金属瓶盖（图 5-1）是世界上第一种瓶盖，它是由威廉·佩因特（William Painter）于 1891 年在美国港口城市巴尔的摩发明的。之所以以"皇冠"命名，是因为 William 曾说："盖上瓶盖仿佛是为瓶子加冕，赋予瓶子美丽的视觉效果。"

图 5-1　（皇冠状）金属瓶盖

（皇冠状）金属瓶盖由以下部分组成：一个简单的、带有波浪状凸缘的金属盖子以及一个位于盖顶内部的、可压缩的称垫（称垫最初为软木或者是油毡浸泡过的圆盘，现为塑料）。

如图所示,(皇冠状)金属瓶盖的使用需要一种特殊的瓶子构造,珠状的上部和越靠近顶端越细的下部,以及珠状结构的外部直径约为 2.5cm,这些基本上沿袭了 100 多年前的设计。瓶盖被置于珠状构造之上,通过冠状压盖工具或机器,使瓶盖卷曲形成密封状态。要获取瓶中的物品,人们会使用小型的手持开瓶器。

(皇冠状)金属瓶盖在它诞生之初并未立刻获得认可,因为它的使用需要新的瓶型、新的灌装机器以及统一的制瓶工艺,这些技术在 20 世纪初期才刚刚起步,并不可能大规模实现。在 19 世纪 90 年代末期至 20 世纪初,出现了更好的手工制瓶方法,加上 1910 年前后自动灌装机器的普遍应用,(皇冠状)金属瓶盖迅速取得了良好的市场占有率。

(皇冠状)金属瓶盖的材质在一次使用加盖之后能够被回收再利用。而运用(皇冠状)金属瓶盖的玻璃瓶因为造型固定,一样也能够反复多次利用。

(二)滚压盖

滚压盖应用于瓶颈处有简单的连续螺纹的瓶子。

滚压盖(图 5-2、图 5-3)具有密封性良好、开启方便以及易于重新密封等特点,源于这些特点,滚压盖在食品饮料、化工及药品包装等方面得到了广泛的应用。

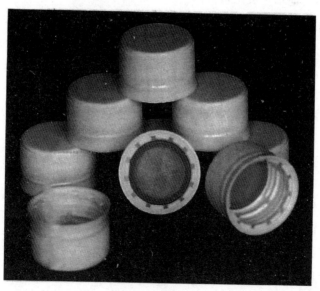

图 5-2 滚压盖(一)

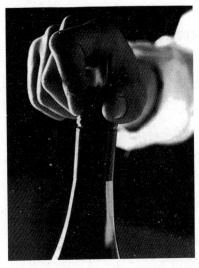

图 5-3 滚压盖(二)

滚压盖通常是用韧性金属(常为铝)或者塑料制成的。这种盖在供应包装用户时没有螺纹,加盖时将盖子放置于瓶子的封口部分,用机器在盖上滚压出螺纹,与瓶颈处的螺纹啮合。这种滚压盖有很好的密封性(与衬垫或塞配合),并且拥有简洁的外观,在国外广泛应用于碳酸气体饮料和药品包装中,在国内目前多用于高档葡萄酒类的包装中。

另外,在滚压盖的下部往往会有防盗圈,它紧扣在凸棱上,当盖开启时,此圈与盖分离,即显示包装已被拆封。

(三)推入式盖子

推入式盖子应用于热灌装后形成真空的瓶子。

推入式盖子有别于滚压盖,它是一种通过对盖子施加向下的压力,形成封闭状态的密封方式。当下市面上许多零食的包装,如筒装薯片、干果、盒装巧克力等都使用这种密封方式。

推入式盖子一般为圆形,其直径相对于容器本身的直径稍大一些。推入式盖子内部一般会有一圈凸起的内缘,或者在一些运用推入式盖子的容器顶部,会有凸起的外缘,这些凸起的边缘都是为了使盖体卡于容器本身,形成稳定的封闭状态。此外,有一部分推入式盖子内部为凸起状(如胶卷盒),合上盖子时,凸起的这部分直接处于容器内部。由于凸起部分的直径与容器直径匹配,合上时凸起部分顶住容器内壁,从而形成封闭状态。

推入式盖子的开启十分省时省力,方便操作。但这种密封方式也有一定的缺点,在初次开启后合上时,势必会有一些空气进入容器中,当容器中放的是食品时,会使食品氧化或者回潮。

二、封缄设计

(一)旋拧式封缄

旋拧式封缄通过不同的螺纹设计制作而成。

旋拧式封缄(图 5-4、图 5-5)是最为常见的封缄形式之一,它有着许多不同的螺纹形式。这些不同的螺纹形式可以大致归类为两种:内部螺纹结构及外部螺纹结构。

图 5-4　旋拧式封缄(一)

图 5-5　旋拧式封缄(二)

内部螺纹结构的特点为:螺纹结构位于容器内壁,而容器的外观与其他形式的瓶体、容器并无差异。容器内壁的连续螺纹有着不同的形式,但封盖的材质基本相同,都为橡胶或者玻璃,封盖的外壁上也有相应的螺纹结构。

相对于内部螺纹结构，外部螺纹结构的特点为：在容器瓶口的外壁有着连续的凸起螺纹，而对应的封盖内壁也有匹配的螺纹结构。当旋拧封盖时，能够关紧密封。外部螺纹结构是 20 世纪乃至当下最为常见的封缄形式，它有着各种各样的形式，封盖的材质也较为多样化，除了金属、橡胶，还有如今应用较为普遍的塑料材质。可以说，外部螺纹结构使旋拧式封缄成为最成功的封缄形式。

(二)软木塞

软木塞最常用于密封酒瓶。

在口吹玻璃瓶为主导容器的时代，最为常见并且最为实用的封缄形式是软木塞。由于软木塞的推广性强，以至于在 20 世纪早期机械制瓶时代到来时，它并没有被其他新的封缄形式所替代，而是被延续了下来。

软木塞(图 5-6、图 5-7)是由橡胶树的树皮制成的。它的特点是能够完美地契合口吹玻璃瓶的瓶口。不规则形的软木塞在水中泡软并挤压成合适于瓶口的形状，这一特性适合于手工业时代。

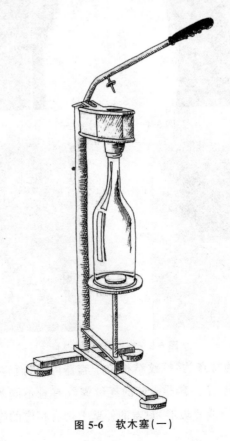

图 5-6　软木塞(一)

图 5-7　软木塞（二）

软木塞通常用于酒的密封，但在非洲、亚洲以及拉丁美洲的一些国家和地区，它也用于蜂蜜、食用油等一些食品的密封。

软木塞的使用方法十分简单，运用手或是塞瓶机器向瓶内挤压软木塞，使之形成对于瓶子内部或者是瓶颈内的摩擦。有时，软木塞的使用还配以一些辅助的密封措施，例如锡纸。锡纸的使用使软木塞的位置相对牢固，并且能够帮助隔绝外界空气。

当碳酸饮料的包装（如汽水、啤酒、香槟）使用软木时，必须要格外注意。在打开瓶盖时，为了防止瓶中压力将软木塞弹出，应松动软木塞，使瓶中的碳酸气体慢慢排出。

软木塞取材天然，制作简单又可循环使用，是十分环保的密封方式。但近几年来，塑料制的瓶塞开始逐渐取代天然的软木塞，在重复使用时，天然的软木塞必须先浸泡于热水之中，而塑料制的瓶塞则不用，显然，塑料制的瓶塞使用起来更为方便。

(三)易拉盖

易拉盖(图 5-8、图 5-9)这种十分重要的封缄方式，由查尔斯·奎尔费尔特(Charles de Quillfeldt)于 1875 年 1 月 5 日发明并申请专利。易拉盖最初是为饮料瓶而设计的，它的设计中包含了许多细节，这一密封形式是由瓶颈处的钢丝捆带、杠杆线及一个把手组成，而把手穿过金属或是橡胶瓶盖顶端的小孔与瓶盖连接。杠杆线在瓶子的两侧与瓶颈处的钢丝捆带相连，在开启瓶盖时，杠杆线的动作会被瓶颈本身所阻碍，从而使瓶盖能够不脱离瓶体。另外，在盖上瓶盖时，可以通过向下按杠杆线使瓶塞与瓶口形成更为紧密的封闭。

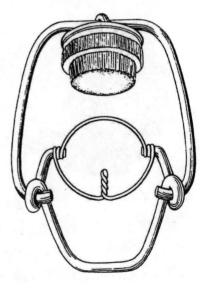

图 5-8　易拉盖(一)

图 5-9 易拉盖(二)

易拉盖在 19 世纪 80 年代至 20 世纪 20 年代,多使用于啤酒瓶或者苏打水瓶,之后它被越来越广泛地使用于瓶装碳酸饮料以及罐头瓶中。易拉盖这种封缄形式的优点在于能够适用于当时存在的软木塞及瓶型,不必制造新的瓶型来适应它。

第二节 包装形态的设计

一、球形包装的简约设计

球形包装(图 5-10、图 5-11)在工业领域应用范围很广泛,包括非高速公路车辆、农用设备、采矿和伐木设备、包装和纺织设备以及机器人。其生产线符合 1/2 英寸到 12 英寸的标准工业口径尺寸。

图 5-10　球形盖容器设计

图 5-11　球形香水包装

　　由数字计算可知,在体积相同的情况下,所有几何形体中球体的表面积最小。换句话说,在需要运用最少的表面材料来包裹较多物品时,球形包装是个十分好的选择。通过运用球形包装可以最大程度地节约包装原材料。在当下的商品包装中,使用球形包装的设计十分普遍,例如香水的瓶身大都采用球形设计。

二、方形包装的简约设计

许多包装设计是方形的,主要分为长方体和立方体。通过数学计算可以知道,在同样体积的情况下,长方体的表面积要比立方体的表面积大,这说明在方形包装结构中,立方体的结构应作为首选。

例如,体积为 $1m^3$ 的塑料粒子需要包装,如果选用立方体的包装结构,因为立方体具有六个相等的面,每个面的面积是 $1m^2$,那么该包装就需要 $6m^2$ 的包装材料;如果我们选用长方体的包装材料,将包装的边长改为:0.5m、1m、2m,则总面积为:$2×0.5×1+2×1×2+2×0.5×2=7(m^2)$。与立方体相比,长方体的设计所需的包装材料整整多出 $1m^2$,也就是说增加了 16.7%,这仅仅是采用加长一倍的算法。如果将长方体的长边再加长,包装同样数量的物品,则需要的表面包装材料会更多:

香烟的条包装设计是一种传统设计,无论对包装设计人员还是对普通消费者来说,这种十盒为一条的包装已经司空见惯了,但是如果我们从环境保护的角度来审视这种设计,会发现它仍然有需要改进之处。沿用几十年的香烟条包装,长度为 28.3cm,是宽度 9cm 的 3 倍多,如果对此进行改进,例如同样装 10 盒香烟,如果将香烟的普通条包装长度缩小到尽可能接近宽度,即将长度缩小为 12.2cm,宽度为 11.3cm,高度为 9cm,则需要的表面包装材料面积为 $0.069872m^2$,而原包装设计所需要的包装材料面积为 $0.086748m^2$,两者的面积差为 $0.016876m^2$。根据表面积计算,将节约 19.5% 以上的包装材料,效果是非常明显的。目前市面上出现的方包装(也称礼品包装)香烟,仍是十盒装量,但由于采用了不同的叠放方式,包装材料的节约非常明显,这可以通过数学计算获得。这种包装由于打破原来的传统包装模式,所以给消费者以强烈的视觉冲击,具有良好的销售效果,在节约材料的基础上又增加了销售量,应该说是一种比较成功的改进设计。

仅从这一点,按节约原材料 19.5% 计算,1996 年我国 835 万 t 纸包装制品的消费量,可节约纸材 167.83 万 t,节约造纸木材 8141.25 万 m^3。中国纸品包装占世界的 25% 左右,按此计算,整个世界可节约造纸木材 32565 万 m^3。

立方体包装结构适应的商品对象比较多，它已经成为包装结构设计的首选形式之一。这里主要强调的是，在方形结构中，越接近于立方体的结构越节约原材料。

三、圆柱体包装的简约设计

由于球体存在着不宜放置的缺点，所以我们在许多场合选用接近于球体的圆柱体包装结构（图 5-12、图 5-13），如油桶、漆桶、饮料罐等。组成圆柱体的要素是圆柱的半径和高，因而在选具体的形式时需要在两个要素之间选择。如果有一种饮料需要用圆柱体的易拉罐来包装，那么易拉罐的尺寸是多少？

图 5-12　harreds 巧克力的圆柱体包装设计

图 5-13　食品的圆柱体包装

设饮料的质量为 a，密度为 ρ，高为 h，半径为 r，圆柱体的表面积为 F，根据几何关系有：

$$h=a/(\rho\times r\times r\times\pi) \tag{5-1}$$

$$F=2r\times r\times\pi+2r\times\pi\times h \tag{5-2}$$

将式(5-1)代入式(5-2)得：

$$F=2r\times r\times\pi+2\times a/(\rho\times r) \tag{5-3}$$

显然 F 是 r 的函数。

对式(5-3)求导数，如果 F 有最小值存在，则：

$$h=2r \tag{5-4}$$

式(5-4)说明，当圆柱体的高是半径的 2 倍时，其表面积最小，也就是说最为省料，从而可以看出它是最经济的结构。

对于油漆桶来说，有方形的，也有圆柱形的。前面已经得出结论，圆柱形比方形节约材料，应该尽量选用圆柱形结构，而圆柱形结构则应该选用高与直径相等的结构，可以最大限度地节约原材料。

第三节 包装结构的设计

一、优化包装结构

（一）简化内部结构

简洁而设计合理的包装，其内部结构不但能够保护产品，具有一定的美观装饰作用，而且能够节约包装用料，尤其是纸质材料。内部结构的展开形式应当尽可能地呈方形，因为印刷成品在切版工艺中最容易造成材料的浪费。

提及包装内部结构的简化，我们往往会以国内的月饼包装为例。想到它不是因为其包装内部的简洁，而是因其繁复的包装已成为过度包装的典型。现在许多月饼包装（图 5-14）具有多重内部结构，在内包装与外包装之间还有

图 5-14 繁杂的包装结构

一个套一个的盒子。这些盒子的材质更是多样化,涵盖了纸质、塑料、金属等。这些内部结构并没有什么实质性的作用,只是生产商为了吸引消费者对产品进行的装饰性手法。这些多余的结构既浪费材料又增加了成本,因此应该简化。

包装的内部结构在设计时应当考虑包装成本与内装产品价值之间的关系,在满足保护产品、方便运输等基本功能的前提下,应当尽量简化内部结构,除了必要的个体包装、分割性结构之外,减少包装材料的消耗,减少加工制造的工序,以有效降低包装的成本。

另一方面,内部结构的简化还可以体现在结构的功能方面。这里举两个例子:

一个例子是灯泡的包装设计。灯泡包装的内部结构设计有向内凹陷的设计,这些设计基于灯泡本身的造型,是为了使之在该结构中能够固定,避免灯泡在运输过程中破损。这样的一体式结构省去了另外的固定结构。另一个例子是茶包的包装设计(图5-15)。在这个设计中,通常茶包托绳顶端的纸质吊牌被一个拉环所替代,这个拉环不仅能够与普通吊牌一样起到连接茶包的作用,同时更能够固定折叠后的茶包,形成独立的个体包装。

图5-15　简易食品包装

(二)简化外部结构

将包装的外部结构简化,要求在设计中体现"更少、更好"的深刻内涵,其核心就是包装外部结构的"恰如其分",即在不影响包装物理机能的前提下,简化结构内容,除去干扰主体的不必要的东西,删除可有可无或烦琐的结构形式,减少无谓的包装材料、生产能源消耗,从而减轻包装自重、方便运输分流、控制包装垃圾,在精简与功能上寻求一个平衡点,使其兼具美观和环保双重特性。

简化包装的外部结构有很多种方法,最主要的方法是采用接近几何体的包装。现今,市面上大部分商品的包装外部结构都较为简洁,采用方体、圆柱体等一些简单的几何形体。采用这些形体有多方面的原因,如方便运输、陈列、所需的原材料相对较少等。简洁的外部结构不仅能够节约成本、资源,具有一定的经济效应,还能够方便使用。如烟盒的外包装设计,烟盒外包装的展开图是一张经过裁切的纸(图5-16),并且其首尾的凹凸设计使多个烟盒的展开图能够排列紧密,一定程度上减少了废料。同时,通过折叠,这样的一张纸能够成为带有摇盖的小盒子,方便使用者多次开启合上。

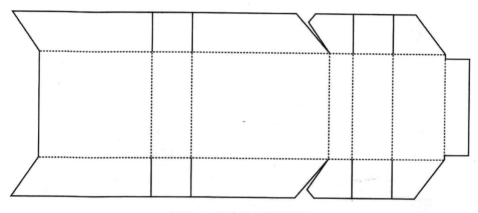

图 5-16　烟盒外包装展开图

二、简易结构设计

(一)运用编织技术的包装

自古以来,编织就与包装有着紧密的关系。在远古时代,人们就懂得利用植物叶、树枝、藤条等编织成类似现在使用的篮、篓、筐、麻袋等物来盛装、运送食物(图5-17)。这样的篮、篓、筐、麻袋都是由韧性很强且结实的取自自然的材料简洁编织,上面没有多余的琐碎细节,表现出自然材料特有的朴质美感,细竹条的间隙通透、自然,食品放置于其中不易变质。从某种意义上来说,这已经是萌芽状态的包装了。

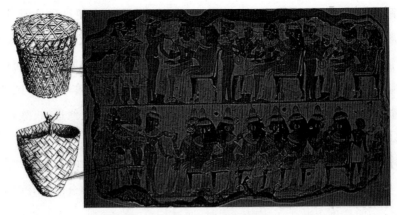

图 5-17　远古时代的编织技术

这些包装应用了对称、均衡、统一、变化等形式美的规律,制成了极具民族风格、多彩多姿的包装容器,使包装不但具有容纳、保护产品的实用功能,还具有一定的审美价值。

编织而成的包装具有以下优点:①编织材料廉价并且能够广泛使用;②编织材料能够降解,对环境无害;③在某些特定场合,尤其是为了迎合中等消费市场时,编制包装能够给人以传统的、质量优良的形象。

当然,编制包装也有缺点,诸如防潮性较差,不能防止一些昆虫的进入或者微生物的滋生,因此编织包装不适合用于物品的长时间储存。

运用编织技术的包装可根据编织手法的不同形成多变的造型、纹样与效果。编织手法多种多样,下面介绍几种较为常用的编织手法。

1. 平编

平编是编织平面的主要方法。其特点是经纬交织,互相穿插掩映,可以挑一压一,也可以挑二压二、挑一压二、挑二压一,从而形成不同的交叉编织纹样(图 5-18)。

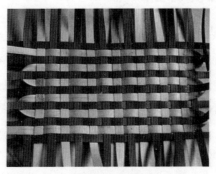

图 5-18　平编

2. 绞编

绞编也是以经纬编压为主要特点的编织方法。它和平编的不同之处是在经编方面,平编的经纬相同,同时动作,往前编织;而绞编则先编排好经桩,经桩可以是绳、条子、竹竿甚至是铁丝,然后以编条(柳、槐、篾)交叉上下穿行于经桩上下,循环绕行。编成后的效果,表面全为纬编所掩盖,不露经条。绞编要求编纬的条子要比较柔软,有韧性,故常用蒲草、细柳、桑条编织(图5-19)。

图 5-19　绞编

3. 勒编

勒编是传统的柳条编织方法。用勒编做成的器物一般称为"系货"。其方法是以麻绳作经,以柳条作纬,麻绳互相交错穿过柳条间,穿一次,绕扣勒紧,通常民间所见簸箕、笸斗、箩筐、柳条包等均以此法编结主体部分。勒编器物的边缘,常需另行编板、把或框子,以使周边整齐,不易散落。

4. 砌编

砌编是传统手工编织的常见工种之一。用砌编工艺制成的器物一般称为"砌货"。该方法多用于圆形器物的编织,具体方法是将编织材料聚合成把,然后用较结实的篾片将这些把束穿起来。民间常用的墩子、饭篓、字纸篓等均用此法做成(图5-20)。

图 5-20　砌编

5.缠边

缠边主要用于条编器具的边沿、把手部分。条编的辅助方法必不可少。其法多以坚硬的材料为芯,在芯的外面,用柔软的条子(藤皮、塑料带、篾皮等)按一定方向缠绕,一方面使之固定,另一方面起到表面装饰效果。缠边可以用单条或多条,单条排列整齐,效果朴实大方,多条可以用各种色彩的材料,缠绕时可以编出花纹图案。

(二)包裹布的使用

提及包裹布的使用,我们一定会联想到影视剧中经常出现的场景。古代人习惯将物品用包裹布包起,随身携带。到了当代,包裹布的使用却很少见,它已被其他包装形式所取代。

而在日本,包裹布仍然是一种日常使用的包装形式,通过一块四方布匹的折叠、打结,衍化出许多既美观又实用的包装方式。在日本,包裹布被称为"风吕敷"。众所周知,日本是一个非常讲究礼仪的国家,在答谢或是问候亲朋好友时,日本人喜欢赠送一些礼品。而这些礼品根据场合的不同,或大或小,或轻或重,形态各异,但无论什么样的礼物,大多数情况下都具有精美的包装。而往往最普遍的包装用具就是"风吕敷",细致严谨的日本人还根据包裹物品的不同形态发明出不同的包装方法,使一块普通的四方布产生了许多不同的包装效果(图 5-21)。

图 5-21 包裹布的使用方法

（三）一纸成型的包装

在产品包装中 45％ 左右是用纸质材料，其包装形式主要以纸盒造型为主。纸盒包装的优点是轻便、有利于加工成型、运输携带方便、便于印刷装潢、成本低、容易回收。选用纸质材料，可充分发挥纸张良好的挺度与印刷适应性的优势，可通过多种印刷和加工手段再现设计的魅力，增加了产品的艺术性和附加值。

纸盒包装的基本成型流程是印刷、切割、折叠、黏合成型。许多纸盒都是通过一张纸切割、折叠和粘贴而成的，这种由一张纸成型的包装被称为一纸成型包装。

一纸成型的包装在我们的日常生活中随处可见，市面上大部分商品的包装纸盒都是一纸成型的。当我们在面包房购买糕点时，店员将蛋糕从冰柜中取出，放置在一张已经裁剪好的纸上，接着，通过折叠将四面折起形成包围的盒子，再通过纸盒四面和顶部锁扣设计将盒子封口固定，这样，一个带有提手的盒子便完成了。当我们在快餐店购买外带食物时，店员也会将食品放入已经折叠好的纸盒中，只需盖上纸盒的两面，并且通过另外两面套锁固定便完成了整个包装。这样的纸盒也是一纸成型的。

一纸成型的包装通常为预先裁剪好并且刻有折痕，这样在使用时便能精确又方便地折叠成形。纸质的包装能够回收再利用，大幅减少了材料成本（图 5-22）。

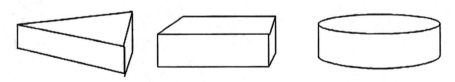

图 5-22　一纸成型包装的外形设计

1. 弯曲变化

通过改变平面状态而进行弯曲的变化手法，弯曲幅度不能过大。从造型整体看，面的外形变化和弯曲变化是分不开的，同时面的变化又必定会引起边和角的变化（图 5-23）。

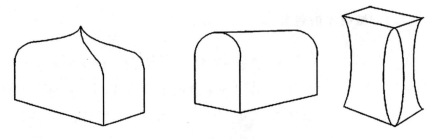

图 5-23　一纸成型包装的曲面设计

2. 延长变化

面的延长与折叠相结合，可以使纸盒出现多种形态结构变化，也是常用的表现方式之一（图 5-24）。

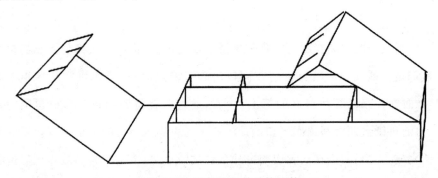

图 5-24　延长变化的结构设计

3. 切割变化

面、边、角都可以进行切割变化，经过切割形成开洞、局部切割和折叠等变化。切割部分可以有形状、大小、位置、数量的变化（图 5-25）。

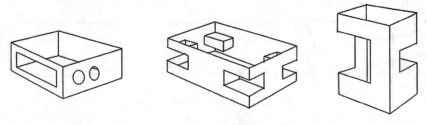

图 5-25　切割变化的结构设计

4. 折叠变化

对面、边、角均可进行折叠变化（图 5-26）。

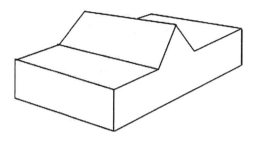

图 5-26　折叠变化的结构设计

5.面的数量变化

面的数量变化是直接影响纸盒造型的因素,常用的纸盒一般是六面体,可以减少到四面体,也可以增加到八面体、十二面体等(图 5-27)。

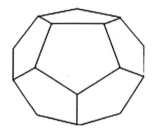

图 5-27　多面体结构设计

6.方向变化

纸盒的面与边除了水平、垂直方向外,可以做多种倾斜及扭动变化(图 5-28)。

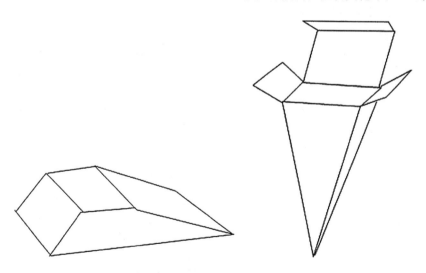

图 5-28　方向变化的结构设计

(四)常见的一纸成型包装

常见的一纸成型包装可分为以下几种基本结构与形态。

1. 摇盖式

包装小型产品,可承受一般重量,优点是简便(图 5-29)。

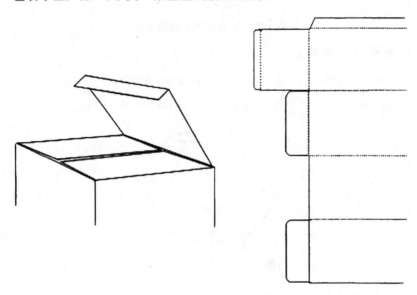

图 5-29　摇盖式结构设计

2. 套盖式(图 5-30)

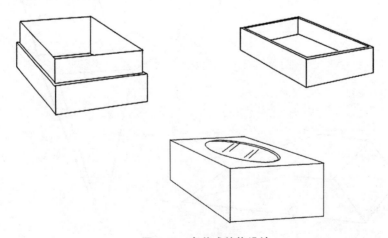

图 5-30　套盖式结构设计

3. 开窗式（图 5-31）

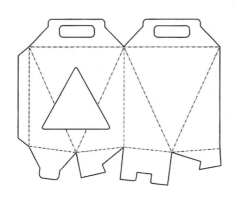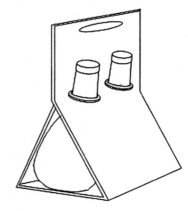

图 5-31 开窗式结构设计

4. 陈列式（图 5-32）

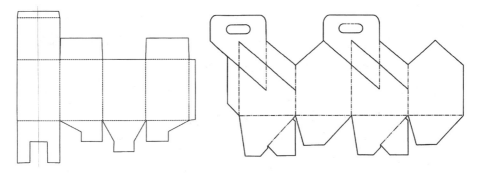

图 5-32 陈列式结构设计

5. 姐妹式（图 5-33）

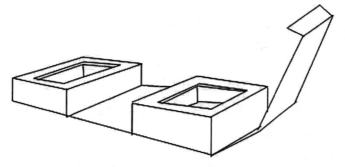

图 5-33 姐妹式结构设计

6. 抽拉式(图 5-34)

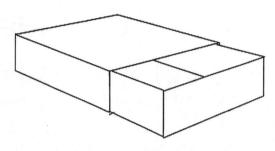

图 5-34　抽拉式结构设计

三、减少原材料的使用

(一)轻质材料:折叠、开槽及模切包装盒体

在由瓦楞纸板做成包装容器的过程中,会涉及许多步骤。在生产过程中,每一个步骤的进展可能不尽相同。在大多数操作过程中,所有的步骤都在冲切机处完成。冲切机是一个平板的或者旋转的操作台。

折痕或者刻痕是在瓦楞纸板上压制出的痕迹,这些折痕或者刻痕能够使瓦楞纸板根据需要,沿着一条直线光挺地折叠。

插槽是在平板的纸面上刻成的,它为折叠提供了一个独立的平面,也创造出一个间隙,使一个平面能够与另一个平面连接。

模切技术经常被用于切割包装盒体的外形,但它也往往被用于开槽、折痕以及切割瓦楞纸外缘等方面。

(二)次原料:纸浆模塑包装结构

纸浆模塑包装作为一种典型的绿色包装形式,它的原料、产品以及生产过程都是十分绿色环保的。纸浆模塑包装是用纸纤维作为原料,所产生的废料也是可以回收再利用的,这不仅减少了原料的使用,同时也降低了对环境的污染,并且在一定程度上缩减了开支。

纸浆模塑包装是将木纸浆或芦苇、蔗渣、麦秸、稻草等一年生草本植物纤维纸浆经碎浆和净化,加入适量无毒化学剂用以阻油、阻水,再通过成型机在一定形状的模具上成型(模内注浆挤压成型或真空吸附成型),然后经过干燥、整型、定型、切边、消毒等工序制作而成的。

纸浆模塑包装按生产工艺和用途的不同分为粗制品和精制品。纸浆模塑包装即通常所说的"一面光产品",多数西方国家从 20 世纪 60 年代开始生产,用作蛋托、水果托,而后用作电子、机械仪表等的内包装材料。我国于 1986 年研制出第一条国产纸浆模塑包装生产线,至今也经过了三十余年的探索,随着科学技术的发展、生产设备的完善、结构设计的进步,纸浆模塑包装已逐渐从单体的形式向组合包装的形式发展,这也使纸浆模型包装的应用更为宽泛,目前已经在农业、快餐容器、医疗应用等领域中使用。

第六章
绿色包装材料

第一节　绿色包装材料的发展

　　绿色包装材料就是能够形成绿色包装的、对环境无污染、对人体健康无危害、可循环再生、能促进可持续发展的基础载体。

　　包装材料的发展，是随着包装业的发展、科技的发展以及人类的需要、社会整体发展的需要而不断发展和演变的。包装材料是形成商品包装的物质基础，是商品包装所有功能的载体，是构成商品包装使用价值的最基本的要素。要研究包装、发展包装，必须从这最基本的要素着手。绿色包装材料是人类进入高度文明、世界经济进入高度发展的必然需要和必然产物，它是在人类要求保持生存环境的呼声中，世界绿色革命的浪潮中应运而生的，是不可逆转的必然发展趋势，所以认真的研究它、掌握它、开发它，对造福人类有着十分重大的意义。

第二节　绿色包装材料应具备的性能

　　作为包装材料，无论是绿色包装材料还是非绿色包装材料，在应具备的性能方面大多是共性的基本性能，如保护性、加工操作性、外观装饰性、经济性、易回收处理性等，但作为绿色包装材料最突出具备的性能就是对人体健康及生态环境均无害，既易回收再利用，又可环境降解回归自然。

一、保护性

　　对内装物具有良好的保护性。根据不同的内装物，能防潮防水、防腐蚀，能耐热、耐寒、耐油、耐光，具有高阻隔性，以达到防止内装物的变质，保持原有的本质和气味。再有材料应具备一定的机械强度，以保持内装物的形状及使用功能。

二、加工操作性

　　主要指材料易加工的性能，也是材料自身的属性，如刚性、平整性、光滑性、热合性、韧性等，以及在包装时的方便性并适应包装机械的操作。

三、外观装饰性

材料是否易于进一步美化和整饰，在色彩上、造型上、装饰上是否能方便地操作和适应。具体指材料的印刷适性，光泽度及透明度、抗吸尘性等。

四、经济性

材料的性能价格比合理，并能够节省人力、能源和机械设备费用。

五、材料的优质轻量性

材料在能很好地履行保护、运输、销售功能的同时，能够轻量化，这样既节省资源又经济，同时还减少废弃物的数量。

六、易回收处理性

材料废弃后易回收处理，易再生利用，既省资源又省能源，还有利于环境保护。

绿色材料最突出的性能是在易回收处理和再生的基础上，还可环境降解回归自然。这就要求绿色材料从原料到加工的过程再到产品使用后，均不产生环境污染，并对人体健康无害。最基础的一个性能是有优良的透气性、阻隔性，使内装物得到很好的保护，不失味、不变质。

作为包装材料，无论是绿色的还是非绿色的，最根本的是材料自身的属性，其次是来自材料加工的技术及设备。尤其是绿色包装正在研究、开发过程中。可以坚信，随着科技的飞速发展，产品的绿色包装将会日新月异，具有更多更完美的特殊性能；包装材料也会进一步完善和丰富，满足商品包装的多方面性能要求。

第三节　绿色包装材料分类

从生物循环的角度而言，大自然创造了天然聚合物，大自然有能力风化、侵蚀、分解它们，从而实现能量守恒。但对人类合成的聚合物，大自然还未合成出分解它们的酶，因而废弃物不断地充斥世界。目前用于包装的四大支柱材料中,纸是由天然植物纤维制造而成,所以易于自然风化、分解。金属、玻璃可以回收再造。只有普通塑料有一定的特殊性,它很难自然风化,又不易回收处理,但不是不能处理,而是由于经济因素和其他因素的限制,所以大量的一次性塑料包装就形成了,它是造成"白色污染"的主要来源。现在全球性的大力发展、研究新型的绿色包装材料(可降解材料),都是针对这难于处理的"白色污染"源而提出的。

绿色包装材料按照环保要求及材料用毕后的归属大致可分为三大类:可回收处理再造的材料;可环境降解回归自然的材料;可焚烧回收能量、不污染大气的材料。

以上三大类材料又可分别包括多种不同的品种。

(1)可回收处理再造材料,包括纸张、纸板、纸浆模塑、金属、玻璃,通常的线型高分子材料(塑料、纤维),也包括可降解的高分子材料。

(2)可自然风化回归自然的材料,包括纸制品(纸张、纸板、纸浆模塑材料);可降解的各种材料(光降解、生物降解、热氧降解、光/氧降解、水降解、光/生物降解)及生物合成材料,如草、麦秆、贝壳、天然纤维填充材料;可食性材料。

(3)可焚烧回收能量不污染大气的材料,包括部分不能回收处理再造的线型高分子、网状高分子材料,部分复合型材料(塑—铝、塑—塑、塑—纸、纸—铝等)。

第七章 绿色包装设计创新实践

第一节 食品包装设计创新

一、液体类食品包装

一般情况下,为了让消费者能够更加了解液体类食品的成色和产品质量,厂家会对盛装液体类食品的器具采用透明处理,消费者会用自身的经验来对食品的颜色外观进行甄别,以酒品为例,专业的品酒家可以根据酒的颜色来辨别酒的年份。所以,这类产品一般都会采用瓶罐来进行包装和储存,产品的介绍也会用贴纸或者打印的形式印刷在瓶体上。

以酒水包装为例:酒水的包装容器一般都以透明的瓶罐为主,使消费者一目了然,消费者往往以产品的颜色来判断产品的味道与新鲜程度;同时玻璃材质透明、晶莹照人、显得华丽高档。酒包装的另一大材质是陶瓷,陶瓷材质或质朴敦厚或高贵典雅,采用不同的造型,会产生各种不同的风格。玻璃瓶和易拉罐是啤酒的选择,易拉罐啤酒酒质佳、携带方便又不易被假冒;较之瓶装啤酒来说,易拉罐啤酒更适于旅行携带。酒水类的包装应具有让消费者感知的特点,所以在设计时,图形应采取抽象的、简洁的、概括的元素,色彩的选择也应比较明快,文字要素应重点突出产品的品牌名称。目前,国内市场酒类行业竞争激烈,迫使酒包装升级出新,新的技术、材料不断与酒包装结合。红酒过去大多是裸瓶销售,而今消费者对红酒的审美趋向发生了变化,在外盒、瓶形、瓶标、色彩的创新方面有了更高的要求,更加注重展卖的整体效果。木盒、异形瓶、绚丽的瓶标图案越来越多地出现在红酒包装中。目前,黄酒作为世界三大古酒之一正在崛起,越来越多的黄酒企业对产品包装进行了升级,中国文化成为黄酒最适合体现的文化内涵。人们对啤酒玻璃瓶的笨重已感到厌倦,消费市场对新型啤酒包装的需求已十分迫切。

同样,茶、饮料包装的设计要充分把握商品的准确特征、突出商品特色,增加包装的视觉冲击力。在茶、饮料的包装设计中色与形的统一、意境与色彩相得益彰、和谐是审美表现的永恒主题。从消费者的消费观念来看,往往把茶按照茶叶的品种不同而分成绿茶、红茶、乌龙茶、花茶等;还有的是根据消费者的喜好来定名的,如龙井、碧螺春等。在饮料的包装中往往是根据饮料的不同类型来划分,如碳酸型饮料、功能型饮料、果汁型饮料等。咖啡也是现代饮料的一类,咖啡这种外来品随着社会的进步和经济的发展,越来越多地被国人所接受。当前由内至外都讲究特别包装设计的新时代饮料,正逐渐风靡消费市场。饮料不再只是解渴而已,选一款包装酷炫的饮料,等于告诉大家"我是与众不同的"。包装特别的饮料给予消费者的刺激,不只限于味觉上,把它拿在手里就让人觉得时尚。了解了消费者的需要及偏好之后,在包装设计方面,就尽量配合他们的生活需求,突出产品个性,来吸引消费者目光,令消费者心动。茶、饮料的包装设计,并不是要哗众取宠,而是要能反映消费者的生活方式,使消费者产生共鸣,激发购买欲。

二、固体类食品包装

固体类的食品包装种类繁多,从烘烤油炸饼干到各种糖果和土特产品,消费对象比较广,因此包装一般为大众化的设计,其主要特点如下。

食品包装一般会采用视觉感强的画面来体现食品的健康以及绿色属性,同时还会针对食品所表现出的形象进行同比例处理,这样能更好地体现出形象辨识度,为了能更好地使消费者对购买的产品具有感知度,包装上一般会加上一些比较具有写实性的绘画图片,或者富有生活气息的抽象图形,给受众带来富有想象力的情感,激发人们的情绪,产生分享满足之乐的向往。

有些食品,如土特产、月饼等,经常被人当作礼品,所以在包装设计方面,更多地倾向于礼品包装,在信息的配置、产品形象的处理上都与一般食品包装不同,较倾向于抽象的表现手法,以及具有民族特色的色彩。

三、保健食品包装

近年来,人们对于保健品的喜爱和需求越来越高,设计师在设计保健品的时候比较注重他的外包装,因为外包装是人们最直接接触和看到的。保健品不光具有保健性能,同时它还有精神上的安慰,可以送给亲戚朋友,因此也受到了大家的追捧。

由于食品是种类最繁多的商品，为迎合各种消费者的口味，食品包装设计除了以上的信息表现特征之外，还需体现各自的特色，即形象表现。虽然信息内容也有特色因素，但形象形式更有特征因素。特征与特色并不是一个概念。如同两份烤牛排，显然它们都是牛排，但是它们各自的特色可能是一份是辣味的，而另一份是糖醋的。所谓特色就是侧重个性表现的差异性，但又不能削弱特征的典型性，它们不仅在于图形、色彩、字体等局部形象的处理，更应注意整体效果的把握。

食品包装的种类繁多，有油炸食品、烘烤食品、糖果、蜜饯等；调味品的包装有液体、粉末状、膏状等。这一类包装种类多、内容广泛，讲究卫生和质量。随着人们生活水平的不断提高，人们对食品、调味品的要求已经上升到注重健康、美味、营养、保健等功能。这一类商品在包装设计时要突出其美味感，要能够引起人们的食欲。为了防止变质，在包装材料的选择以及加工工艺上，都在不断地推陈出新。食品、调味品在设计表达时要表明产品的真实属性。要有鲜明的标签，图形元素要能够引起消费者的联想，色彩上要能够体现产品特点，文字排列上要清晰明确，有生产日期、净含量、保质期成分说明、使用方法等。

第二节　礼品包装设计创新

礼物进行适当的包装可以向人们传达两方面的信息，不仅包括物品本身，更重要的是能表达送礼者的心意，从而拉近感情。礼品一般体现了送礼者的面子、身份、情意，所以在设计礼物包装时要时尚、富有感情，这样消费者就不会在乎包装的成本花销。礼品包装根据礼品种类和用途等方面的不同，应在设计封面和颜色要素方面有不同要求，封面设计既要把礼品装饰好，又要体现礼品本身，表现出消费者的高雅；颜色设计根据应不同场合而定，如暖色的温馨、冷色的沉稳。有的礼品比较贵重，包装先要保护礼品本身，又要体现消费者的身份。与节日庆典相比，礼品包装在相互赠送方面应用更广泛，而且消费者更会费尽心思把礼品包装好，比如精美的手提盒会装一些精致的礼品，还可用漂亮的吊牌、色彩绚丽的彩带做装饰，这些方法能够使礼品更有价值，体现出消费者的诚意。

礼品包装不仅要注重美观性，更要注重实用性。这个过程中需要考虑到赠送好友的地理位置和距离，有些礼品需要远销到国外，所以在包装的设计上要注意当地的民族风俗、生活习惯和人们对待事物的喜好,普通大众的审美等。因此,礼品的包装更加考验一个设计师的创意性和审美。

第三节　日用品包装设计创新

生活用品类的产品包装一般都是偏小型的,如家用小五金类、厨房用具、鞋子、服饰、化工产品等。一般来说,手工用具类的包装大多数采用的是吹塑压膜,或者可悬挂的包装。这些商品都比较贴近生活,因此,消费者喜欢直接看到具体的内盛物来感知产品的质量与功能。对于这类具体形象的产品,说服性的广告语一般不是最重要的。它更注重产品的品牌在包装上的构图,在设计时要注意品牌与产品之间的关系,不要让产品的形象遮挡住品牌的形象,也可以巧妙地把商品形象结合成包装的图形设计。

第四节　其他包装设计创新

一、多用途包装设计

多用途包装又称为可再利用的包装,是指包装内的商品用完后,包装还能移作他用,例如酒喝完之后,漂亮的酒瓶可以放在橱窗里作为装饰品,也可以用来盛放果汁。这种策略可以节约材料,降低成本,且有利于环保。同时,包装上的商标、品牌标识还可以起到广告宣传的作用。

二、附赠品包装设计

附赠品包装是指利用消费者好奇和获取额外利益的心理,在包装内附赠实物或奖券,以此来吸引消费者购买。这种策略对儿童产品尤为有效,例如在儿童饮料或食品包装里放入卡片或小型玩具等。我国某企业出口的芭蕾珍珠膏,在每个包装盒内附赠珍珠别针一枚,消费者购买50盒就可以串成一条美丽的珍珠项链。这种包装形式使得芭蕾珍珠膏在国际市场上十分畅销。

三、等级包装设计

等级包装又称为多层次包装,是指将企业的产品分成若干等级,对不同等级的产品采用不同的包装,使包装的风格与产品的质量和价值相称,以满足消费者不同层次的需求。例如,对送礼的商品和家用的商品采用不同的包装,可以显示出商品的特点,易于形成系列化商品,便于消费者选择和购买。采用这种策略时,设计成本一般较高。

四、绿色包装

绿色包装又称为生态包装,是指包装材料可重复利用或可再生。例如,以前河南用稻草包装瓷器,江浙地区用竹叶包装粮食,这类包装都属于绿色包装。随着环境保护浪潮的冲击,消费者的环保意识日益增强,绿色营销已经成为当今企业营销的新主流。而与绿色营销相适应的绿色包装也成为当今世界包装发展的潮流。实施绿色包装策略,有利于保护环境,且易于得到消费者的认同。

五、改变包装

改变包装又称为改进包装,是指企业产品的包装要适应市场的变化,要随着市场的变化不断改进。当一种包装形式使用时间过长或产品销路不畅时,可以考虑改变包装设计、包装材料,使用新的包装,使消费者产生新鲜感,从而促进产品的销售。2016 年奥运会可口可乐包装如图 7-1 所示。

图 7-1 　 2016 年奥运会可口可乐包装

六、POP 包装

POP 包装是一种广告式商品销售包装,多陈列于商品销售点,是一种有效的现场广告手段。POP 包装大多采用展开式折叠纸盒的形式,在盒盖的外面印有精心构思的图案,打开盒盖,能瞬间引起消费者的注意,具有较强的立体感和趣味性。

参 考 文 献

[1]何洁.现代包装设计[M].北京:清华大学出版社,2018.

[2]陈根.包装设计从入门到精通[M].北京:化学工业出版社,2018.

[3]庞博.包装设计[M].北京:化学工业出版社,2016.

[4]王桂英,温慧颖.绿色包装[M].哈尔滨:东北林业大学出版社,2012.

[5]武军,李和平.绿色包装[M].2版.北京:中国轻工业出版社,2007.

[6]席涛.绿色包装设计[M].北京:中国电力出版社,2011.

[7]徐东.绿色包装应用与案例[M].北京:文化发展出版社,2018.

[8]魏风军.绿色低碳理念下的创新包装设计与应用[M].北京:冶金工业出版社,2018.

[9]李丽,仁义.包装设计[M].北京:机械工业出版社,2016.

[10]李宁,董莉莉.包装设计[M].北京:清华大学出版社,2017.

[11]朱国勤,吴飞飞.包装设计[M].上海:上海人民美术出版社,2016.

[12]欧阳慧.绿色品牌包装创新研究[M].长春:吉林大学出版社,2017.